中华职业学校 编

Xibanyacai Zhizuo

现代学徒制“西餐烹饪专业”讲义选辑

西班牙菜制作

朱莉 奚小英 主编

中西书局

图书在版编目（CIP）数据

西班牙菜制作 / 朱莉，奚小英主编；中华职业学校编.
—上海：中西书局，2023.8
（现代学徒制“西餐烹饪专业”讲义选辑）
ISBN 978-7-5475-2132-8

Ⅰ.①西… Ⅱ.①朱… ②奚… ③中… Ⅲ.①菜肴-烹饪-西班牙-中等专业学校-教材 Ⅳ.①TS972.119

中国国家版本馆 CIP 数据核字（2023）第 125781 号

XIBANYACAI ZHIZUO

西班牙菜制作

朱莉　奚小英　主编

责任编辑　唐少波
装帧设计　梁业礼
责任印制　朱人杰

出版发行　上海世纪出版集团
中西書局（www.zxpress.com.cn）
地　　址　上海市闵行区号景路 159 弄 B 座（邮政编码：201101）
印　　刷　启东市人民印刷有限公司
开　　本　787 毫米 × 1092 毫米　1/16
印　　张　8.75
字　　数　170 000
版　　次　2023 年 8 月第 1 版　2023 年 8 月第 1 次印刷
书　　号　ISBN 978-7-5475-2132-8/T · 019
定　　价　78.00 元

前　言

"西班牙菜制作"是中华职业学校西餐烹饪专业现代学徒制试点的一门校企课程，也是西餐烹饪专业西餐烹调方向的一门专业(技能)方向课程。它是西餐主菜制作的后续课程，学校根据西餐烹饪专业现代学徒制试点西班牙菜肴制作教学标准的要求，研发了《西班牙菜制作》这本校本教材，旨在通过教与学，让学生掌握西班牙菜肴制作的基础知识和基本技能。

《西班牙菜制作》教材按照西班牙菜肴制作的原理和工艺，分面食、马铃薯菜肴、橄榄油应用、汤菜、西班牙饭食、海鲜类主菜、肉类主菜共七个大类，介绍了西班牙可丽饼（Filloa）等十九种菜肴的制作技能。在介绍每种菜肴的制作时，又分为核心概念、学习目标、基本知识、任务实施、学习结果评价、作业等环节，尤其对于操作步骤、质量标准等关键内容提示清晰而周全，还设计了菜肴制作中最不容易掌握的技能作为问题情境，帮助学生突破操作重点、难点等。

中职学生自我意识较强，思维活跃，喜爱新颖、活泼的内容，但学习自控力相对不足，需要一定的外因来激发学习动机。本教材的编写基于中职学生的特点，致力于激发学生兴趣，让学生走出课堂，尝试运用知识、动手操作，并取得认可，变被动学习为主动学习。

因此，教材编写打破了传统的模式，采用了活页教材的编写方式，致力于引导学生在学习中探索。在教材编排上，摒弃了传统的"单元—课"的结构，采用了"工作任务—职业能力"的编排方式，分为七个任务，每个任务下又分为若干职业能力，每个职业能力都让学生学习一种西班牙菜肴的制作，并完成学习结果评价，分析得失原因，使学生在学习时更具主动性和使命感。

相比于传统教材，本教材各部分的学习过程都层层引导，步步深入，注重学生的学习体验，注重启发学生的思考、探索，注重培养学生自我探究学习的能力，注重贴近生活实际，同时鼓励学生走出课堂学习知识，拓宽吸收知识的渠道。

本教材的编写，得到了学校领导的全力支持和帮助，也得到了现代学徒制试点合作企业上海声强餐饮有限公司和众多行业专家、课程专家的悉心指导，西餐烹饪专业的多位骨干教师更是付出了辛勤的劳动。尽管如此，限于编写时间和知识水平，教材仍然存在许多不足，敬请批评指正。

编　者

2023 年 6 月

目录 CONTENTS

工作任务 A–1

面食

职业能力 A-1　了解西班牙面食知识

课时：1 课时　授课形式：讲授

一　核心概念

西班牙常见的面食

二　学习目标

能说出西班牙常见的三种面食

三　基本知识

西班牙位于欧洲的伊比利亚半岛，距离非洲大陆仅 14 千米，并与美洲大陆隔海相望。对外来文化的兼收并蓄，使得当今的西班牙具有明显的多元文化色彩。以饮食为例，希腊人给西班牙带来了橄榄，罗马人带来了大蒜，稻米及各种蔬菜、水果则要归功于阿拉伯人，土豆、番茄、红辣椒粉则来自美洲新大陆。这里，首先为大家介绍西班牙的常见面食。

古代的人们还没有发现酵母，也还没有发酵的概念，因此没有现代随处可见的蓬松面包。以前的人们为了填饱肚子会吃清蒸谷物和面饼。他们习惯把面糊摊在烤盘上，烤成一张一张的饼，用餐时撕成小块吃，就类似现在大家熟悉的手抓饼、印度飞饼、中东烤饼、俄罗斯小圆松饼等等。

西班牙的 Filloa 源自罗马时代，它的意思就是“片”。当时的人们把鸡蛋、蜂蜜和面粉混合成稀面糊，然后烘烤成很多片，午餐或晚餐时直接用手将饼撕成小块就着主菜吃，因为当时还没有发明刀叉。

西班牙北部从早期到现在都喜欢吃 Filloa。他们会做大杂烩，把炖煮过的高汤和

西班牙首都马德里俯瞰（Eric Titcombe 摄，源自维基百科 2.0）

面粉和匀，煎成薄片配着肉吃。也有些地方会把猪皮放在烧热的烤盘上逼油，然后舀上几勺面糊进烘箱烤几分钟，再把大杂烩中的肉类切片，用 Filloa 包着吃。每年 11 月 11 日的宰猪日，西班牙人会用猪血代替高汤，煎出一片片暗红色的薄饼。

现在更多的北部西班牙人把 Filloa 当成甜点，一次吃两三片。薄薄的一张面皮，上面点缀着鲜奶油、蜂蜜、果酱或水果。西班牙其他地方的人则吃跟 Filloa 很类似的 Crepe（可丽饼）。

可丽饼

西班牙常见的面食还有炸鱿鱼潜艇堡、炒面包酥。潜艇堡在产品外形上，相比市面上普通的热狗视觉冲击力强，是因其所采用面包坯料更大更长，加之市面上的热狗面包坯采用的是烤制的方法，而潜艇堡采用的是高温快速轰炸的方法，面包坯在油锅里轰炸就像深潜海里的潜艇堡，威武雄壮，随波逐浪，因而得名。可能是因为面包太硬了，西班牙人脑洞大开，将面包弄碎加上一些蒜胡萝卜和肉丁一起翻炒，有点像炒饭，不过口感特异，这就是炒面包酥。

西班牙有一句谚语：如果餐桌上没有面包，就如同军队里没有上尉一样。面包在西班牙人心目中的地位就如同中国人的“饭”，和货币一样重要。在相对贫苦的年代，只要雇主愿意提供充足的面包和红酒，就能让底层的工人卖命工作。

西班牙人通常早餐先来两片涂了番茄泥的面包；点心是小片硬面包抹上肉酱；中午吃炖肉或煎鱼搭配面包；下午有用来解馋的潜艇堡；到了晚餐，又把面包拿出来切几片蘸酱吃。一天吃五餐的西班牙人真的吃很多很多面包。

四 学习结果评价

序号	评价内容	评价标准	评价结果
1	西班牙常见的面食	能说出西班牙常见的三种面食	是 / 否
		能了解早期的西班牙面食没有发酵的概念	是 / 否
2	总评	是否能够满足下一步学习	是 / 否

五 作业

跟你的家人或朋友简述西班牙常见的三种面食。

职业能力 A-1-1　制作西班牙可丽饼 Filloa

课时：1 课时　授课形式：讲授结合实践

一 核心概念

西班牙可丽饼 Filloa 的由来

西班牙可丽饼 Filloa 的原材料

西班牙可丽饼 Filloa 的制作方法

二 学习目标

能简述西班牙可丽饼 Filloa 的由来

能说出制作西班牙可丽饼 Filloa 使用的原材料

能调制可丽饼 Filloa 的面糊

能根据流程制作西班牙可丽饼 Filloa

三 任务实施

（一）任务描述

根据制作流程制作一份西班牙可丽饼 Filloa。

（二）操作条件

1. 设备与工具：平底锅、铲夹、刷子、蛋抽。

2. 原材料：鸡蛋 3 个、中筋面粉 85 克、融化奶油 30 克、柠檬皮少许、牛奶 55 毫升、水 230 毫升、盐 1 克、橄榄油适量、果酱适量、糖粉适量、蜂蜜适量。

（三）职业规范及注意事项

1. 厨师服、厨师帽、口罩、手套佩戴整齐。
2. 操作中注意水电火安全。
3. 操作过程中注意清洁卫生。

（四）菜品制作过程

序号	步骤	制作方法及说明	质量标准
1	搅拌面糊	鸡蛋、中筋面粉、融化奶油、牛奶、水和盐混合成均匀的面糊备用 	面糊均匀不起块
2	刷黄油	烧热平底锅，用厨房纸巾蘸取橄榄油擦在锅内，或用刷子刷薄薄的一层黄油 	用中小火

（续表）

序号	步骤	制作方法及说明	质量标准
3	摊饼	舀一勺面糊倒入平底锅，以逆时针方向摇晃锅子，让面糊均匀摊开在锅内 	逆时针方向晃锅
4	煎饼	待面饼底面呈现金黄色，翻面再煎几秒钟即可起锅 	面饼呈金黄色
5	搭配酱料	食用时搭配果酱、糖粉或蜂蜜 	酱料总量不超过可丽饼的 1/10

问题情境

西班牙可丽饼 Filloa 容易制作得厚怎么办？

解决途径：面糊倒入锅内后应迅速摇晃锅子，通过摇晃锅子可以使面饼变薄，可丽饼摊得越薄越好吃。

四 学习结果评价

序号	评价内容	评价标准	评价结果
1	西班牙可丽饼 Filloa 的原材料	能说出西班牙可丽饼 Filloa 的原材料	A/B/C/D
		能列举三种西班牙可丽饼 Filloa 的搭配酱料	
2	西班牙可丽饼 Filloa 的制作方法	能说出西班牙可丽饼 Filloa 五步制作步骤	
		能说出西班牙可丽饼 Filloa 每一步制作步骤的制作方法	
		能说出西班牙可丽饼 Filloa 每一步制作步骤的质量标准	
3	西班牙可丽饼 Filloa 的制作过程	搅拌面糊能做到面糊均匀不起块	
		摊饼过程中能做到逆时针方向晃锅	
		煎饼过程中能做到面饼呈金黄色	
		搭配酱料时总量不超过可丽饼的 1/10	
4	安全卫生	能注意制作过程中的食品安全和操作安全	
		能在制作过程中保持厨具及台面的干净整洁	
5	总评	是否能够满足下一步学习	是 / 否

说明：完成评价内容的 90% 及以上为 A；完成 75%—89% 为 B；完成 60%—74% 为 C；完成 60% 以下为 D。

五 作业

1. 列出制作西班牙可丽饼 Filloa 的原材料。
2. 制作一份西班牙可丽饼 Filloa 送给你的家人或朋友。

职业能力 A-1-2　制作炸鱿鱼潜艇堡

课时：1 课时　授课形式：讲授结合实践

一 核心概念

炸鱿鱼潜艇堡的原材料

炸鱿鱼潜艇堡的制作方法

二 学习目标

能说出制作炸鱿鱼潜艇堡使用的原材料

能配制炸鱿鱼潜艇堡的馅料

能根据流程制作炸鱿鱼潜艇堡

三 任务实施

（一）任务描述

根据制作流程制作一份炸鱿鱼潜艇堡。

（二）操作条件

1. 设备与工具：炸炉、黄油刀、扒炉、铲夹、砧板、厨刀。

2. 原材料：潜艇堡面包 1 个、低筋面粉适量、鸡蛋 1 个（打成蛋液）、盐少许、炸油适量。

（三）职业规范及注意事项

1. 厨师服、厨师帽、口罩、手套佩戴整齐。
2. 操作中注意水电火安全。
3. 操作过程中注意清洁卫生。

（四）菜品制作过程

序号	步骤	制作方法及说明	质量标准
1	热油	锅中倒入食用油，大火加热 	油温 180℃
2	鱿鱼切段	鱿鱼去掉头部，身体部分切段 	长度为 7—8 厘米

（续表）

序号	步骤	制作方法及说明	质量标准
3	调味	撒上少许盐和黑胡椒调味 	拌匀
4	裹面粉	鱿鱼圈裹上薄薄的低筋面粉，放在筛网上抖落多余面粉 	包裹均匀
5	炸鱿鱼	鱿鱼段裹上蛋液放入锅中，炸至浮起油面 	炸至金黄色

（续表）

序号	步骤	制作方法及说明	质量标准
6	成形	潜艇堡面包切开，用黄油煎上色，加入炸鱿鱼。可以根据个人喜好，抹上美乃滋或淋上番茄酱。	上色至金黄色

问题情境

制作炸鱿鱼段过程中，热油喷溅怎么办？

解决途径：炸鱿鱼段时要小心热油喷溅，可以用厨纸先按压一遍，吸掉鱿鱼中的水分再裹粉。

四 学习结果评价

序号	评价内容	评价标准	评价结果
1	炸鱿鱼潜艇堡的由来	能知道炸鱿鱼潜艇堡是西班牙面食中的一种常见面食	A/B/C/D
2	炸鱿鱼潜艇堡的原材料	能说出炸鱿鱼潜艇堡的原材料	
		能列举三种炸鱿鱼潜艇堡的搭配酱料	
3	炸鱿鱼潜艇堡的制作方法	能说出炸鱿鱼潜艇堡六步制作步骤	
		能说出炸鱿鱼潜艇堡每一步制作步骤的制作方法	
		能说出炸鱿鱼潜艇堡每一步制作步骤的质量标准	
4	炸鱿鱼潜艇堡的制作过程	鱿鱼切段时能做到切至长度 7—8 厘米	
		调味时能做到鱿鱼与盐和黑胡椒拌匀	

（续表）

序号	评价内容	评价标准	评价结果
		裹面粉过程中能做到包裹均匀	
		炸鱿鱼过程中能做到鱿鱼炸至金黄色	
5	安全卫生	能注意制作过程中的食品安全和操作安全	
		能在制作过程中保持厨具及台面的干净整洁	
6	总评	是否能够满足下一步学习	是 / 否

说明：完成评价内容的 90% 及以上为 A；完成 75%—89% 为 B；完成 60%—74% 为 C；完成 60% 以下为 D。

五 作业

1. 能列出制作炸鱿鱼潜艇堡的原材料。
2. 制作一份炸鱿鱼潜艇堡送给你的家人或朋友。

职业能力 A-1-3　制作炒面包酥

课时：1 课时　授课形式：讲授结合实践

一 核心概念

炒面包酥的原材料

炒面包酥的制作方法

二 学习目标

能说出制作炒面包酥的原材料

能灵活搭配炒面包酥的配料

能根据流程制作炒面包酥

三 任务实施

（一）任务描述

根据制作流程制作一份炒面包酥。

（二）操作条件

1. 设备与工具：炸炉、平底锅、铲夹、厨刀。

2. 原材料：面包粉 250 克、青椒 1/4 个、红椒 1/4 个、西班牙腊肠 1 根（切片）、五花肉 100 克（切丝）、蒜瓣 4 瓣、红椒粉 5 克、橄榄油 30 毫升、盐适量、水 50 毫升。

（三）职业规范及注意事项

1. 厨师服、厨师帽、口罩、手套佩戴整齐。
2. 操作中注意水电火安全。
3. 操作过程中注意清洁卫生。

（四）菜品制作过程

序号	步骤	制作方法及说明	质量标准
1	翻炒	在平底锅内用橄榄油炒蒜瓣、腊肠片和五花肉 	炒匀
2	熟制	加入青椒丁、红椒丁继续翻炒至熟 	辣椒丁断生即可

（续表）

序号	步骤	制作方法及说明	质量标准
3	拌炒	倒入用水润湿的面包粉拌炒 	拌炒至面包粉呈金黄色
4	调味	撒上红椒粉和少许盐调味，继续翻炒 	拌匀
5	装盘	把调味好的面包酥装盘 	咸香兼有辣味

问题情境

制作炒面包酥时，若没有现成的面包粉怎么办？

解决途径：若没有现成的面包粉，也可用刨丝板或菜刀从隔夜面包上刮下面包粉。

四 学习结果评价

序号	评价内容	评价标准	评价结果
1	炒面包酥的原材料	能说出炒面包酥的原材料	A/B/C/D
		能说出炒面包酥的原材料配比	
2	炒面包酥的制作方法	能说出炒面包酥五步制作步骤	
		能说出炒面包酥每一步制作步骤的制作方法	
		能说出炒面包酥每一步制作步骤的质量标准	
3	炒面包酥的制作过程	翻炒过程中能做到翻炒均匀	
		熟制过程中能做到使辣椒丁断生	
		拌炒过程中能做到拌炒至面包粉呈金黄色	
		调味过程中能做到拌匀	
4	安全卫生	能注意制作过程中的食品安全和操作安全	
		能在制作过程中保持厨具及台面的干净整洁	
5	总评	是否能够满足下一步学习	是 / 否

说明：完成评价内容的 90% 及以上为 A；完成 75%—89% 为 B；完成 60%—74% 为 C；完成 60% 以下为 D。

五 作业

1. 列出制作炒面包酥的原材料。
2. 制作一份炒面包酥送给你的家人或朋友。

工作任务 A–2

马铃薯菜肴

职业能力 A-2　了解西班牙马铃薯菜肴

课时：1 课时　授课形式：讲授

一 核心概念

马铃薯菜肴对欧洲的影响

二 学习目标

能说出西班牙菜肴中常见的马铃薯菜肴用法

能了解马铃薯引进历史上对欧洲人口增长和城市化发展的作用

三 基本知识

在西班牙餐厅点菜，等服务生把菜送上桌，你会发现，鱼的配菜是炸马铃薯片，牛排的配菜是炸马铃薯条，章鱼的配菜则是水煮马铃薯块。吃饭的时候，西班牙人有时候会把用高汤炖煮过的马铃薯块压成泥，然后抹在面包上送进嘴巴。这样一顿饭下来，每人可能会吃两颗至四颗马铃薯。傍晚到小酒馆和朋友相聚小酌，下酒菜选的依然是炸薯块和薯片。酒足饭饱之后到 Fiesta（夜市）走走逛逛，随处可见卖薯条的摊贩。马铃薯几乎占据了西班牙人一整天的饮食，既是主菜，又是配菜，还可以当点心。

到底西班牙人有多爱马铃薯呢？

马铃薯是西班牙非常普遍的蔬菜，尤其是在经济状况不太好的时候，马铃薯简直扮演平民救星的角色。西班牙人到了 19 世纪才开始大量食用马铃薯，不仅利用马铃薯搭配肉类和海鲜，也把马铃薯和其他蔬菜一起炖成浓汤，用面包蘸着吃。有些人还把马铃薯当成正餐，沾点盐一块吃就能填饱肚子。在这之前，西班牙人是以谷物、面食作为主食来果腹的。

初入欧洲时马铃薯的地位极低，并未被当作正统的食物看待，还一度沦为令人厌恶和恐惧的"恶魔食物"，被认为代表着邪恶并会引起麻风病。直到 18 世纪后期，法国著名的植物学家、化学家安托万·奥古斯丁·帕门蒂埃以长期考察的结果说服了法国国王路易十六，开始大规模试种，马铃薯的地位才有所改善。

相传安托万与国王夫妇在凡尔赛宫的花园里散步时，给国王夫妇献上了一些马铃薯花。王后把它们插在头发上做饰物，国王则将一朵花别在了扣眼上，此举引发欧洲贵族们纷纷效仿，上层阶级对马铃薯的固有印象开始改变。

在 18 世纪和 19 世纪，马铃薯的引进极大地推动了欧洲人口的增长和城市化发展。据统计，在 1700 年至 1900 年间，引入马铃薯所带来的人口增长至少占到整个旧世界相应数据的 1/4。在 19 世纪最初的 50 年间，欧洲很多地区经历了空前的人口爆发，比如英格兰和威尔士的人口翻了一番。

在欧洲，马铃薯的规模性种植也显著提高了农业生产力，而工业革命的兴起则进一步带来了马铃薯生产力的飞跃。

同时，工业革命的浪潮也加快了人们的生活节奏。在英国，没有时间和精力去准备食物的城市人，就将简单易做的马铃薯作为每日餐食的解决方案，"炸鱼薯条"等国民食物由此兴起。

最晚引入马铃薯的是北美地区。1872 年，美国著名植物学家路德·伯班克为帮助爱尔兰恢复马铃薯种植，发现并培育出具有一定抗病性的伯班克马铃薯，这种马铃薯块茎体积大而且呈较规则的椭圆形，是如今全球食品加工市场中最主要的品种之一。

伯班克马铃薯

四　学习结果评价

序号	评价内容	评价标准	评价结果
1	马铃薯菜肴对欧洲的影响	能了解马铃薯菜肴对欧洲的影响	是 / 否
		能说出西班牙菜肴中常见的马铃薯菜肴用法	是 / 否

（续表）

序号	评价内容	评价标准	评价结果
		了解马铃薯引进历史上对欧洲人口增长和城市化发展的作用	是 / 否
2	总评	是否能够满足下一步学习	是 / 否

五 作业

跟你的家人或朋友介绍西班牙菜肴中马铃薯的用法。

职业能力 A-2-1　制作牛排佐雪莉酒酱汁配炸马铃薯

课时：1 课时　授课形式：讲授结合实践

一 核心概念

牛排佐雪莉酒酱汁配炸马铃薯的原材料

牛排佐雪莉酒酱汁配炸马铃薯的制作方法

二 学习目标

能说出制作牛排佐雪莉酒酱汁配炸马铃薯的原材料

能对肉眼牛排原料进行加工处理

能控制成熟度，将牛排煎至多种成熟度

能根据流程制作牛排佐雪莉酒酱汁配炸马铃薯

三 任务实施

（一）任务描述

根据制作流程制作一份牛排佐雪莉酒酱汁配炸马铃薯。

（二）操作条件

1. 设备与工具：平底锅（或扒炉）、铲夹、砧板、厨刀。

2. 原材料：肉眼牛排 500 克、马铃薯 2—3

只、橄榄油 15 毫升、盐适量、葵花籽油适量、雪莉酒 80 毫升、奶油 125 毫升。

（三）职业规范及注意事项

1. 厨师服、厨师帽、口罩、手套佩戴整齐。
2. 操作中注意水电火安全。
3. 操作过程中注意清洁卫生。

（四）菜品制作过程

序号	步骤	制作方法及说明	质量标准
1	热油	平底锅倒入橄榄油，开火加热	油温控制在160℃—180℃
2	调味	牛排用厨纸吸干水分，两面撒上盐和胡椒粉备用	盐、胡椒撒匀

（续表）

序号	步骤	制作方法及说明	质量标准
3	煎制	油烧热后把牛排放入平底锅中煎，煎至一定的熟度夹出 	一面煎至焦黄才能翻面煎另一面
4	马铃薯切条	马铃薯切厚片再切条，清洗掉表面淀粉后沥干水分 	切 6—7 厘米长度
5	炸薯条	另热一锅，加入葵花籽油，油烧热后炸薯条 	初炸 150℃油温，复炸 240℃油温

（续表）

序号	步骤	制作方法及说明	质量标准
6	薯条调味	薯条炸熟后即刻捞起，撒盐调味 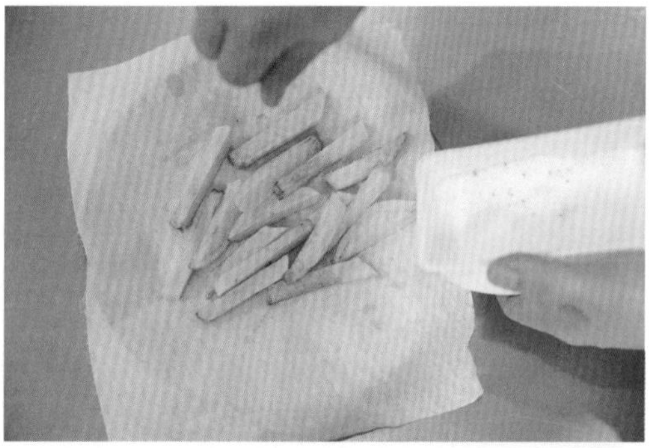	盐适量
7	倒入雪莉酒	在煎牛排残留锅底的肉汁中倒入雪莉酒，开火烧开酱汁，并且在酱汁上点火 	酒精充分挥发
8	加入奶油	加入奶油以文火慢慢收浓，期间可摇晃平底锅或小心搅拌，将雪莉酒酱汁混合均匀 	收浓，不沾底

（续表）

序号	步骤	制作方法及说明	质量标准
9	装盘	将牛排、薯条、雪莉酒酱汁一同装盘	牛排改刀均匀

问题情境

制作牛排佐雪莉酒酱汁配炸马铃薯时，煎牛排可以频繁翻面吗？

解决途径：煎牛排只能翻一两次面，频繁翻面会使其肉汁流失，肉质变柴。

四　学习结果评价

序号	评价内容	评价标准	评价结果
1	牛排佐雪莉酒酱汁配炸马铃薯的原材料	能说出牛排佐雪莉酒酱汁配炸马铃薯的原材料	A/B/C/D
2	牛排佐雪莉酒酱汁配炸马铃薯的制作方法	能说出牛排佐雪莉酒酱汁配炸马铃薯九步制作步骤	
		能说出牛排佐雪莉酒酱汁配炸马铃薯每一步制作步骤的制作方法	
		能说出牛排佐雪莉酒酱汁配炸马铃薯每一步制作步骤的质量标准	
3	牛排佐雪莉酒酱汁配炸马铃薯的制作过程	热油过程中能使油温控制在 160℃—180℃	
		煎制过程中能做到一面煎至焦黄时才翻面煎另一面	

（续表）

序号	评价内容	评价标准	评价结果
		马铃薯切至 6 厘米—7 厘米长度	
		炸薯条过程中能做初炸 150℃油温，复炸 240℃油温	
4	安全卫生	能注意制作过程中的食品安全和操作安全	
		能在制作过程中保持厨具及台面的干净整洁	
5	总评	是否能够满足下一步学习	是 / 否

说明：完成评价内容的 90% 及以上为 A；完成 75%—89% 为 B；完成 60%—74% 为 C；完成 60% 以下为 D。

五 作业

1. 练习马铃薯切条。
2. 制作一份牛排佐雪莉酒酱汁配炸马铃薯送给你的家人或朋友。

职业能力 A-2-2　制作传统西班牙蛋饼

课时：1 课时　授课形式：讲授结合实践

一 核心概念

传统西班牙蛋饼的原材料

传统西班牙蛋饼的制作方法

二 学习目标

能说出制作传统西班牙蛋饼使用的原材料

能混合马铃薯块、洋葱丁和鸡蛋液

能根据流程制作传统西班牙蛋饼

三 任务实施

（一）任务描述

根据制作流程制作一份传统西班牙蛋饼。

（二）操作条件

1. 设备与工具：平底锅、炸炉、蛋抽、铲夹、砧板、厨刀。

2. 原材料：鸡蛋 3 个、马铃薯 3 只、洋葱 1/4 个（切丁）、橄榄油适量、盐适量、葵花籽油适量。

（三）职业规范及注意事项

1. 厨师服、厨师帽、口罩、手套佩戴整齐。
2. 操作中注意水电火安全。
3. 操作过程中注意清洁卫生。

（四）菜品制作过程

序号	步骤	制作方法及说明	质量标准
1	马铃薯切块	马铃薯去皮后切成块，用水冲洗去表面的淀粉 	大小均匀
2	油炸马铃薯	马铃薯块放入180℃的油锅中炸至半熟（用牙签插入马铃薯块中央，感觉还有点硬芯就是半熟状态） 	炸至金黄

（续表）

序号	步骤	制作方法及说明	质量标准
3	油炸洋葱丁	放入洋葱丁一起油炸，至马铃薯块全熟捞起，加一小撮盐调味 	色泽均匀
4	吸蛋液	鸡蛋打成蛋液，倒入炸好的马铃薯块和洋葱丁搅拌均匀，让马铃薯块吸饱蛋液 	静置 10 分钟
5	煎制	平底锅加热橄榄油后，倒入马铃薯块、洋葱丁和蛋液的混合物，小心地用锅铲或汤勺抹平表面 	不粘锅底

（续表）

序号	步骤	制作方法及说明	质量标准
6	成形	至其底部成形（轻摇平底锅，所有材料不会随摇晃散开）翻面 	上色后再翻面
7	蛋饼翻面	将锅盖或盘子盖在平底锅上，小心地翻转平底锅，让蛋饼倒扣在锅盖和盘子上。此时蛋饼还没有完全凝固，有少量蛋液流出是正常情况 	金黄色兼有焦黄色
8	起锅装盘	将翻面的蛋饼倒回平底锅继续煎到蛋液完全凝固或半凝固，即可起锅分切装盘 	刀面平整

问题情境

制作传统西班牙蛋饼时，什么时候可以起锅装盘？

解决途径：将翻面的蛋饼倒回平底锅继续煎到蛋液完全凝固或半凝固，即可起锅分切装盘。

四　学习结果评价

序号	评价内容	评价标准	评价结果
1	传统西班牙蛋饼的原材料	能说出传统西班牙蛋饼的原材料	A/B/C/D
		能说出传统西班牙蛋饼原材料的配比	
2	传统西班牙蛋饼的制作方法	能说出传统西班牙蛋饼八步制作步骤	
		能说出传统西班牙蛋饼每一步制作步骤的制作方法	
		能说出传统西班牙蛋饼每一步制作步骤的质量标准	
3	传统西班牙蛋饼的制作过程	马铃薯切块过程中能做到大小均匀	
		油炸马铃薯能做到炸至金黄	
		吸蛋液后能静置10分钟	
		煎制能做到不粘锅底	
4	安全卫生	能注意制作过程中的食品安全和操作安全	
		能在制作过程中保持厨具及台面的干净整洁	
5	总评	是否能够满足下一步学习	是/否

说明：完成评价内容的90%及以上为A；完成75%—89%为B；完成60%—74%为C；完成60%以下为D。

五　作业

1. 马铃薯切块练习。
2. 制作一份传统西班牙蛋饼送给你的家人或朋友。

六 拓展

西班牙早餐中最具代表之一的传统西班牙蛋饼 Tortilla。传说 Tortilla 诞生于西班牙 19 世纪穷苦人民的饭桌，因为穷人买不起很多鸡蛋和蔬菜，只好用便宜的土豆来替代。Tortilla 也是一种土豆煎蛋饼，原料很简单，主料只需要土豆，鸡蛋，洋葱。各个地区的处理方式不同，有的会在传统的基础上加入番茄、蘑菇、芝士等其他食材，最后搭配蛋饼的有番茄酱或者蒜蓉蛋黄酱等。

职业能力 A-2-3　制作辣酱马铃薯

课时：1 课时　授课形式：讲授结合实践

一 核心概念

辣酱马铃薯的原材料

辣酱马铃薯的制作方法

二 学习目标

能说出制作辣酱马铃薯使用的原材料

能用蒜瓣、洋葱、辣椒、番茄膏和红椒粉等调制辣酱马铃薯配用的辣酱

能根据流程制作辣酱马铃薯

三 任务实施

（一）任务描述

根据制作流程制作一份辣酱马铃薯。

（二）操作条件

1. 设备与工具：平底锅、炸炉、铲夹、砧板、厨刀。

2. 原材料：马铃薯 3 个、辣椒 1 颗、蒜瓣（拍碎）3 瓣、洋葱丁 20 克、番茄膏 250 克、橄榄油 30 毫升、盐 2 克、白胡椒粉 1 克、红椒粉 15 克、糖适量、葵花籽油适量。

（三）职业规范及注意事项

1. 厨师服、厨师帽、口罩、手套佩戴整齐。
2. 操作中注意水电火安全。
3. 操作过程中注意清洁卫生。

（四）菜品制作过程

序号	步骤	制作方法及说明	质量标准
1	炒香	锅中倒入橄榄油、用橄榄油炒香蒜瓣、洋葱和辣椒 	有香味溢出
2	制作辣酱	倒入番茄膏，加入红椒粉、盐和白胡椒粉一起炒 	炒透
3	收浓	炒透后再以文火加热几分钟，收浓后关火 	炒至原料酥烂

（续表）

序号	步骤	制作方法及说明	质量标准
4	切薯角	把马铃薯切成薯角，清洗掉淀粉 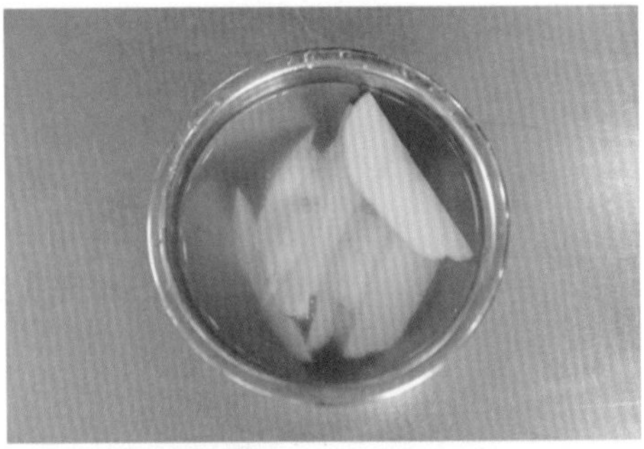	切菱形块
5	晾薯角	把薯角晾干 	表面无水分
6	炸薯角	葵花籽油加热至 150℃后放入薯角慢慢炸熟，也可先蒸熟再炸 	表面炸至金黄

（续表）

序号	步骤	制作方法及说明	质量标准
7	搭配辣酱	食用时淋上辣酱	口感脆香

问题情境

制作辣酱时煮至沸腾立即关火可以吗？

解决途径：煮至沸腾后再继续煮几分钟，收浓后关火。

四 学习结果评价

序号	评价内容	评价标准	评价结果
1	辣酱马铃薯的原材料	能说出辣酱马铃薯的原材料	A/B/C/D
		能根据原料调配出辣酱	
2	辣酱马铃薯的制作方法	能说出辣酱马铃薯七步制作步骤	
		能说出辣酱马铃薯每一步制作步骤的制作方法	
		能说出辣酱马铃薯每一步制作步骤的质量标准	
3	辣酱马铃薯的制作过程	收浓过程中做到炒至原料酥烂	
		切薯角能做到切成菱形块	
		晾薯角能做到表面无水分	
		炸薯角能做到表面炸至金黄	

（续表）

序号	评价内容	评价标准	评价结果
4	安全卫生	能注意制作过程中的食品安全和操作安全	
		能在制作过程中保持厨具及台面的干净整洁	
5	总评	是否能够满足下一步学习	是 / 否

说明：完成评价内容的 90% 及以上为 A；完成 75%—89% 为 B；完成 60%—74% 为 C；完成 60% 以下为 D。

五 作业

1. 列出制作辣酱马铃薯的原材料。
2. 制作一份辣酱马铃薯送给你的家人或朋友。

工作任务 A-3

橄榄油应用

职业能力 A-3　了解橄榄油的应用

课时：1 课时　授课形式：讲授

一 核心概念

西班牙菜肴中橄榄油的应用

二 学习目标

能知道橄榄油在西班牙的划分标准

能说出橄榄油的食用方法

三 基本知识

公元 1492 年西班牙王国立国，油橄榄树的种植和橄榄油在这片土地的影响一直持续，从而在西班牙社会和西班牙烹饪中占据重要位置。

目前西班牙是世界上油橄榄树种植最多的国家（达 3 亿多株，220 多万公顷），远远超过了希腊和意大利，更远超过其他油橄榄树的种植国家，如突尼斯、土耳其、叙利亚等国。因此，橄榄油已不仅仅是地中海地区人们常见的传统食品，它作为一种标志性植物，其重要性和象征意义在地中海人民及其他地区人民眼中，已经成为地中海地区的象征物。是否使用橄榄油直接影响到了烹饪各种菜肴的样式和风味以及大量品尝美味的食客的胃口。它作为各种主食的佐餐之料，调制各种菜蔬肉类的功用是非常重要的，并形成了地中海地区烹饪的一大特色，被誉为“地中海食谱”，时下又因其营养均衡而名满天下。

西班牙的橄榄油一般被分为四个等级，按质量高低依次是：额外初榨橄榄油（Aceite de Oliva Virgen Extra）、初榨橄榄油（Aceite de Oliva Virgen）、纯橄榄油

油橄榄树

（Aceite De Oliva，此种为常见，又称“Pure”），以及用橄榄油渣再次压榨、提炼而得的奥鲁亚橄榄醋（Aceite de Oliva Oruia）。橄榄油的质地品评一般有味觉和嗅觉两方面的指标，上等的橄榄油一般具有与某种水果或植物相类似的特殊香味，并在入口后表现出先甜（舌尖）、后苦（舌根）、再辣（到喉咙）的自然味觉过渡。橄榄油可以作为烹调用油，也可以直接浇（淋）在冷菜、面包之类的食物上。在西班牙冷菜的制作中，橄榄油和雪莉酒醋是最具西班牙特色的调味料。

橄榄油的食用方法包括：

1. 用橄榄油煎炸

与草本植物油不同，橄榄油因为其抗氧性能和很高的不饱和脂肪酸含量，使其在高温时化学结构仍能保持稳定。使用普通食用油时，当油温超过了烟点，油及脂肪的化学结构就会发生变化，产生易致癌物质。而精炼橄榄油的烟点在 240℃—270℃之间，这已经远高于其他常用食用油的烟点值，因而橄榄油能反复使用不变质，是最适合煎炸的油类。

2. 用橄榄油烧烤煎熬

橄榄油也同样适合用来烧、烤、煎、熬。使用橄榄油烹调时，食物会散发出诱人的香味，令人垂涎。特别推荐使用橄榄油做鸡蛋炒饭，或做烧烤。

3. 用橄榄油做酱料和调味品

用酱料的目的是调出食物的味道，而不是掩盖它。橄榄油是做冷酱料和热酱料最好的油脂成分，它可保护新鲜酱料的色泽。

橄榄油可以直接调拌各类素菜和面食，可制作沙拉和各种蛋黄酱，可以涂抹面包与其他食品。用橄榄油拌和的食物，色泽鲜亮，口感滑爽，气味清香，有着浓郁的地中海风味。

4. 用橄榄油腌制

在烹食前先用橄榄油腌过，可增添食物的细致感，还可烘托其他香料，丰富口感。

5. 直接使用橄榄油

直接使用特级初榨橄榄油，会使菜肴的特点发挥到极致。你可以像用盐那样来用橄榄油，因为特级初榨橄榄油会使菜肴口感更丰富、滋味更美妙。你还可以将特级初榨橄榄油加进任何菜肴里用来平衡较高酸度的食物，如柠檬汁、酒醋、葡萄酒、番茄等。它还能使食物中的各种调料吃起来更和谐，如果在放了调味品的菜肴里加一些橄榄油，你会发现味道更好。特级初榨橄榄油还可以使食物更香，更滑，味道更醇厚。

6. 用橄榄油焙烘

橄榄油还适合于焙烘面包和甜点。橄榄油远比奶油的味道好，可广泛用于多种甜品及面包。

7. 用橄榄油煮饭

煮饭时倒入一匙橄榄油，可使米饭更香，且粒粒饱满。

8. 饮用

每天清晨起床或晚上临睡前，直接饮用一汤匙（约8毫升），可以降血脂、血糖，治疗肠胃疾病，减少动脉血栓的形成。特别是对老年人、高血压及心脏病患者尤为有益。食用数周之后，原本不正常的一些生理指标就会得到明显改善。

一只嘴衔橄榄枝的鸽子（毕加索绘）

除了烹饪以外，油橄榄还激发了艺术家们的创作灵感。从梵高到毕加索都曾多次将油橄榄树作为艺术创作的对象。实际上，毕加索这位来自盛产橄榄油的安达卢西亚地区的画家就创作出了如今象征世界和平的艺术形象——一只嘴衔橄榄枝的鸽子。

油橄榄树根系深入地下，树干相互缠绕，面对狂风暴雨的侵袭仍屹立不倒，这一形象就深深地触动了无数诗人的灵感，丰富了美食的烹饪方式。如今，用橄榄油烹制的美食也因被科学所认同而备受推崇。在油橄榄树被发现几千年之后的21世纪初，世界上对橄榄油的保健、营养功能的科学而广泛的认同，使得它再次散发出勃勃的生机，而这也不过是油橄榄树——不仅仅是西班牙的，更是全人类的——这种古老而神圣的树种悠久历史的又一篇绚丽华章。

（参阅《橄榄油的历史文化》，https://baijiahao.baidu.com/s?id=15894619950611 27357&wfr=spider&for=pc）

四　学习结果评价

序号	评价内容	评价标准	评价结果
1	西班牙菜肴中橄榄油的应用	能知道橄榄油在西班牙的划分标准	是 / 否
		能说出橄榄油的食用方法	是 / 否
2	总评	是否能够满足下一步学习	是 / 否

五　作业

跟你的家人或朋友简述橄榄油的三种食用方法。

职业能力 A-3-1　制作橄榄油烤时蔬

课时：1 课时　授课形式：讲授结合实践

一 核心概念

橄榄油烤时蔬的原材料

橄榄油烤时蔬的制作方法

二 学习目标

能说出制作橄榄油烤时蔬的原材料

能根据流程制作橄榄油烤时蔬

三 任务实施

（一）任务描述

根据制作流程制作一份橄榄油烤时蔬。

（二）操作条件

1. 设备与工具：烤箱、烤盘、平底锅、铲夹、砧板、厨刀。

2. 原材料：有机杏鲍菇 4 只、玉米笋 10 根、香菇 10 只、小番茄 5 颗、初榨冷压橄榄油 60 毫升、研磨黑胡椒 30 克、干燥奥勒冈叶 7 克、盐 10 克、核桃果仁适量、杏仁适量。

（三）职业规范及注意事项

1. 厨师服、厨师帽、口罩、手套佩戴整齐。
2. 操作中注意水电火安全。
3. 操作过程中注意清洁卫生。

（四）菜品制作过程

序号	步骤	制作方法及说明	质量标准
1	切配	将杏鲍菇、香菇切块，玉米笋、小番茄对切，备用	按原料形态均匀切配
2	混拌	将所有备用的材料倒入深锅中，加初榨冷压橄榄油、研磨黑胡椒、干燥奥勒冈叶、盐混合	拌匀

（续表）

序号	步骤	制作方法及说明	质量标准
3	放入烤盘	将拌匀的食蔬放入烤盘 	平铺均匀
4	烤制	先以 200℃预热烤箱后，将烤盘放入烤箱中烤制 	烤 15—20 分钟
5	摆盘	至食蔬全熟后取出，摆盘并撒上捣碎的核桃果仁和杏仁 	有序叠放

问题情境

制作橄榄油烤时蔬时，时蔬呈现干湿不均匀的情况是怎么造成的?

解决途径：时蔬混拌一定要均匀，让橄榄油被食材充分吸收。

四 学习结果评价

序号	评价内容	评价标准	评价结果
1	橄榄油烤时蔬的原材料	能说出橄榄油烤时蔬的原材料	A/B/C/D
		能说出橄榄油烤时蔬的原材料配比	
2	橄榄油烤时蔬的制作方法	能说出橄榄油烤时蔬五步制作步骤	
		能说出橄榄油烤时蔬每一步制作步骤的制作方法	
		能说出橄榄油烤时蔬每一步制作步骤的质量标准	
3	橄榄油烤时蔬的制作过程	切配能做到按原材料形态均匀切配	
		放入烤盘能做到平铺均匀	
		烤制 15—20 分钟	
		摆盘能做到有序叠放	
4	安全卫生	能注意制作过程中的食品安全和操作安全	
		能在制作过程中保持厨具及台面的干净整洁	
5	总评	是否能够满足下一步学习	是 / 否

说明：完成评价内容的 90% 及以上为 A；完成 75%—89% 为 B；完成 60%—74% 为 C；完成 60% 以下为 D。

五 作业

1. 列出制作橄榄油烤时蔬的原材料。
2. 制作一份橄榄油烤时蔬送给你的家人或朋友。

职业能力 A-3-2　制作西兰花柳橙沙拉

课时：1 课时　授课形式：讲授结合实践

一 核心概念

西兰花柳橙沙拉的原材料
西兰花柳橙沙拉的制作方法

二 学习目标

能说出制作西兰花柳橙沙拉的原材料
能根据流程制作西兰花柳橙沙拉

三 任务实施

（一）任务描述

根据制作流程制作一份西兰花柳橙沙拉。

（二）操作条件

1. 设备与工具：汤锅、铲夹、砧板、厨刀。

2. 原材料：西兰花 1 颗、橙汁 30 毫升、蜂蜜 20 克、雪莉醋 20 毫升、苹果醋 10 毫升、橄榄油 20 毫升、欧芹碎 10 克、柳橙 1 只、洋葱半只、新鲜荸荠 2 只、黑胡椒碎 2 克。

（三）职业规范及注意事项

1. 厨师服、厨师帽、口罩、手套佩戴整齐。
2. 操作中注意水电火安全。
3. 操作过程中注意清洁卫生。

（四）菜品制作过程

序号	步骤	制作方法及说明	质量标准
1	切西兰花	西兰花取花头切成小朵 	切分均匀
2	切柳橙	柳橙去皮后切片，去籽 	根据筋膜分切
3	切洋葱、荸荠	把洋葱切成丝状；将新鲜荸荠切成薄片 	洋葱丝的粗细为0.5厘米左右，荸荠片的厚度为1厘米左右

（续表）

序号	步骤	制作方法及说明	质量标准
4	煮西兰花	取一大锅，加水及少许盐。放入西兰花煮至断生。捞出后冰镇沥干 	脆嫩
5	调酸酱汁	橙汁、蜂蜜、雪莉醋和苹果醋拌匀，再拌入橄榄油和欧芹，做成酸酱汁 	酱汁清澈
6	摆盘	将沥干的西兰花与柳橙、酸酱汁拌匀后放入餐盘，加入洋葱丝和荸荠片，撒上黑胡椒即可 	摆放均匀

问题情境

制作西兰花柳橙沙拉时，怎么能保证西兰花脆爽的口感、柳橙水分不流失？

解决途径：西兰花煮熟后必须冰镇，柳橙必须根据筋膜分切。

四 学习结果评价

序号	评价内容	评价标准	评价结果
1	西兰花柳橙沙拉的原材料	能说出西兰花柳橙沙拉的原材料	A/B/C/D
		能掌握西兰花柳橙沙拉酸酱汁的材料配比	
2	西兰花柳橙沙拉的制作方法	能说出西兰花柳橙沙拉六步制作步骤	
		能说出西兰花柳橙沙拉每一步制作步骤的制作方法	
		能说出西兰花柳橙沙拉每一步制作步骤的质量标准	
3	西兰花柳橙沙拉的制作过程	西兰花切分均匀，柳橙能根据筋膜分切	
		洋葱丝粗细为 0.5 厘米，荸荠片切片厚度为 1 厘米左右	
		调酸酱汁能做到酱汁清澈	
		煮西兰花能做到脆嫩	
4	安全卫生	能注意制作过程中的食品安全和操作安全	
		能在制作过程中保持厨具及台面的干净整洁	
5	总评	是否能够满足下一步学习	是 / 否

说明：完成评价内容的 90% 及以上为 A；完成 75%—89% 为 B；完成 60%—74% 为 C；完成 60% 以下为 D。

五 作业

1. 练习西兰花柳橙沙拉原材料的切配。
2. 制作一份西兰花柳橙沙拉送给你的家人或朋友。

职业能力 A-3-3　制作橄榄油香煎鸡胸肉

课时：1 课时　授课形式：讲授结合实践

一 核心概念

橄榄油香煎鸡胸肉的原材料

橄榄油香煎鸡胸肉的制作方法

二 学习目标

能说出制作橄榄油香煎鸡胸肉的原材料

能根据流程制作橄榄油香煎鸡胸肉

三 任务实施

（一）任务描述

根据制作流程制作一份橄榄油香煎鸡胸肉。

（二）操作条件

1. 设备与工具：平底锅、铲夹、砧板、厨刀。

2. 原材料：鸡胸肉 2 块、巴萨米克醋适量、橄榄油适量、黑胡椒适量、盐适量。

（三）职业规范及注意事项

1. 厨师服、厨师帽、口罩、手套佩戴整齐。

2. 操作中注意水电火安全。

3. 操作过程中注意清洁卫生。

(四)菜品制作过程

序号	步骤	制作方法及说明	质量标准
1	腌渍	用橄榄油轻按鸡胸肉 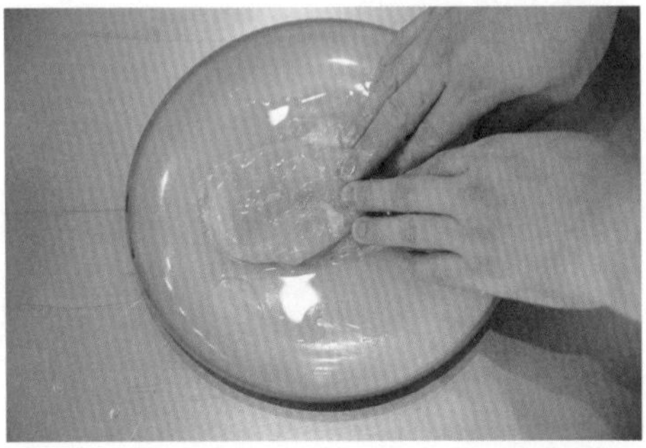	腌渍入味，表面完整
2	调味	在鸡胸肉上撒上适当黑胡椒与盐调味 	撒匀
3	热油	热锅后倒入 20 毫升新鲜橄榄油烧热 	达到 150℃油温

（续表）

序号	步骤	制作方法及说明	质量标准
4	煎鸡胸肉	放入鸡胸肉煎至 5 分熟关火，让锅的余热将鸡肉烧至 8 分熟再起锅，静置 2 分钟 	至鸡肉断生
5	改刀	将煎熟的鸡胸肉改刀 	以改刀后的鸡胸肉有微红的汁水流出为宜
6	装盘	将煎好的鸡胸肉切厚片装盘，淋上巴萨米克醋 	巴萨米克醋无需淋在鸡胸肉上

问题情境

制作橄榄油香煎鸡胸肉时，熟度不易控制怎么办？

解决途径：放入鸡胸肉煎至 5 分熟关火，让锅的余热将鸡肉烧至 8 分熟起锅后静置 2 分钟。

四 学习结果评价

序号	评价内容	评价标准	评价结果
1	橄榄油香煎鸡胸肉的原材料	能说出橄榄油香煎鸡胸肉的原材料	A/B/C/D
2	橄榄油香煎鸡胸肉的制作方法	能说出橄榄油香煎鸡胸肉六步制作步骤	
		能说出橄榄油香煎鸡胸肉每一个步骤的制作方法	
		能说出橄榄油香煎鸡胸肉每一个步骤的质量标准	
3	橄榄油香煎鸡胸肉的制作过程	腌渍入味，表面完整	
		热油达到 150℃油温	
		煎鸡胸肉至鸡肉断生	
		改刀后的鸡胸肉有微红的汁水流出	
		装盘时巴萨米克醋无需淋在鸡胸肉上	
4	安全卫生	能注意制作过程中的食品安全和操作安全	
		能在制作过程中保持厨具及台面的干净整洁	
5	总评	是否能够满足下一步学习	是 / 否

说明：完成评价内容的 90% 及以上为 A；完成 75%—89% 为 B；完成 60%—74% 为 C；完成 60% 以下为 D。

五 作业

1. 练习煎鸡胸肉的制作过程。
2. 制作一份橄榄油香煎鸡胸肉送给你的家人或朋友。

工作任务 A-4

汤菜

职业能力 A-4　了解西班牙汤菜的知识

课时：1 课时　授课形式：讲授

一 核心概念

西班牙冷汤的起源

西班牙冷汤的制作方法

二 学习目标

能知道西班牙冷汤的起源

能简述西班牙冷汤的制作方法

三 基本知识

冷汤，西班牙人叫它为 Gazpacho。这种汤诞生于地中海气候的西班牙南部安达卢西亚内陆地区，那里夏季酷热干燥，劳工们白天工作时靠大锅制的镇暑凉汤 Gazpacho 抵御酷热，是他们夏天里的必备食物。最初的 Gazpacho 只有面包、橄榄油、盐、醋和其他常见时令蔬菜，直到 19 世纪开始才采用番茄和原产于墨西哥的甜椒作为主要食材。

西班牙冷汤

Gazpacho 是西班牙南部地区夏天常见的凉菜，呈液体状，故称为汤，大多作为正餐的前菜。如今，在西班牙、墨西哥和美国南部，许多人说起这道冷汤都充满了感情，那是代代相传的好味道，是

安达卢西亚的格拉纳达远望

很多人从小记忆里夏天的代名词。甚至有人这么形容："这道我最爱的凉菜汤还是母亲亲手做的最美味，每到夏天喝起来格外爽口，我们甚至将它放在杯子里加入冰块，那是我们小时候的'可口可乐'。"

Gazpacho 的制作方法很有趣，基本不用炖煮，而是将各种蔬菜等食材切碎、捣成糊状，再加入橄榄油和水充分搅拌后冷却。基本材料是搅碎的番茄，加入水或冰块，也可以加入黄瓜，柿子椒或洋葱。以柠檬汁、盐、橄榄油和胡椒调味。还要加入一些面包丁，之所以有这个习惯，据推测起初只是为了不浪费多余的面包，但实际上它给汤品增加了特有黏稠的质感。上桌时也可以加入切成丁的蔬菜和面包。从根本上来说，Gazpacho 并不像通常意义上的汤，反而有些类似鲜榨蔬菜汁，跟我们平常所喝到的健康杂菜饮品颇为相似，制作很简单，可用烤面包来搭配这道菜。

这么个简单的冷汤，已经成为西班牙的一道国菜。但经过很多年，大家早就忘记了这道菜是怎么来的。

这道冷汤最早的记录是公元前一世纪，距今至少两千多年了！奥古斯都时代的古罗马诗人 Virgilio 在《农事诗》中提到，在伊比利亚半岛上，有一道利用前一天吃剩下的面包渣渣、大蒜和一些蔬菜捣碎而成的冷汤。这道冷汤就是 Gazpacho。在拉丁语中，Gazpacho 的意思就是：前一天食物残渣做成的汤。翻译成的中文的原意就是：残羹剩炙做成的汤。

（参阅《西班牙番茄冷汤，拿破仑三世心头好，40℃高温下的无敌爽味》，https://www.sohu.com/a/318679892_120116188）

四 学习结果评价

序号	评价内容	评价标准	评价结果
1	西班牙冷汤的起源	能知道西班牙冷汤的起源	是 / 否
2	西班牙冷汤的制作方法	能简述西班牙冷汤的制作方法	是 / 否
3	总评	是否能够满足下一步学习	是 / 否

五 作业

跟你的家人或朋友简述西班牙汤菜知识的概况。

职业能力 A-4-1　制作西班牙香蒜汤

课时：1 课时　授课形式：讲授结合实践

一 核心概念

西班牙香蒜汤的原材料

西班牙香蒜汤的制作方法

二 学习目标

能说出制作西班牙香蒜汤的原材料

能根据流程制作西班牙香蒜汤

三 任务实施

（一）任务描述

根据制作流程制作一份西班牙香蒜汤。

（二）操作条件

1. 设备与工具：平底锅、铲夹、砧板、厨刀。

2. 原材料：面包 150 克、蒜瓣 30 克、鸡脯肉 150 克、橄榄油 45 毫升、盐 10 克、鸡汤 1500 毫升、辣椒粉 15 克、番茄 1 只、鸡蛋 2 个、柠檬汁 15 毫升、法香碎 5 克。

（三）职业规范及注意事项

1. 厨师服、厨师帽、口罩、手套佩戴整齐。
2. 操作中注意水电火安全。
3. 操作过程中注意清洁卫生。

（四）菜品制作过程

序号	步骤	制作方法及说明	质量标准
1	面包切块	将长面包切成大小适中的块状 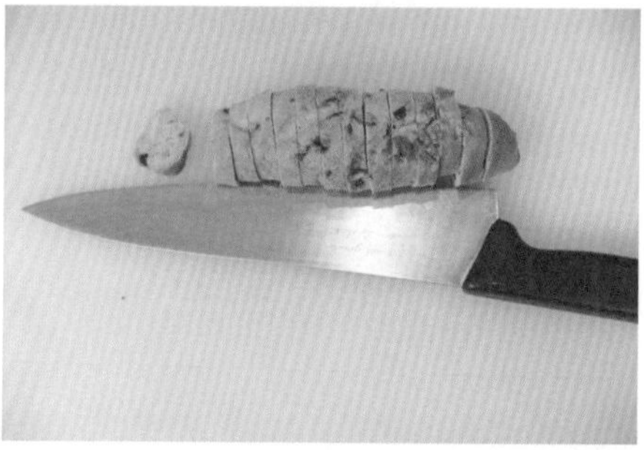	2 厘米厚度
2	鸡肉馅调味	鸡脯肉切碎，在鸡肉馅中调入法香碎、挤入柠檬汁，拌匀备用 	鸡脯肉切至茸状
3	炒香蒜瓣	将蒜瓣拍碎炒香 	炒至金黄色

（续表）

序号	步骤	制作方法及说明	质量标准
4	煎鸡肉	将鸡肉馅放入锅中，用橄榄油慢慢煎制 	鸡肉煎至焦黄色
5	翻炒番茄碎	锅中放入橄榄油和辣椒粉，小火炒香后放入番茄碎翻炒片刻 	翻炒均匀
6	煮汤	加入鸡汤煮开，放入切好的面包片，然后使汤保持微沸 	煮 15 分钟

（续表）

序号	步骤	制作方法及说明	质量标准
7	装盘	加入蛋液，即可出锅装盘	蛋液成片状

问题情境

制作西班牙香蒜汤时，蛋液不易凝结成片状怎么办？

解决途径：加入蛋液前，汤汁应保持微沸，且不宜搅拌过度，使蛋液凝结成片状。

四 学习结果评价

序号	评价内容	评价标准	评价结果
1	西班牙香蒜汤的原材料	能说出西班牙香蒜汤的原材料	A/B/C/D
		能说出西班牙香蒜汤原材料的配比	
2	西班牙香蒜汤的制作方法	能说出西班牙香蒜汤七步制作步骤	
		能说出西班牙香蒜汤每一步制作步骤的制作方法	
		能说出西班牙香蒜汤每一步制作步骤的质量标准	
3	西班牙香蒜汤的制作过程	面包切至 2 厘米厚度，鸡脯肉切至茸状	
		蒜炒至金黄色，鸡肉煎至焦黄色	
		煮汤能煮 15 分钟	

（续表）

序号	评价内容	评价标准	评价结果
		装盘过程中蛋液成片状	
4	安全卫生	能注意制作过程中的食品安全和操作安全	
		能在制作过程中保持厨具及台面的干净整洁	
5	总评	是否能够满足下一步学习	是 / 否

说明：完成评价内容的 90% 及以上为 A；完成 75%—89% 为 B；完成 60%—74% 为 C；完成 60% 以下为 D。

五 作业

1. 列出制作西班牙香蒜汤的原材料。
2. 制作一份西班牙香蒜汤送给你的家人或朋友。

职业能力 A-4-2　制作西班牙番茄冷汤

课时：1 课时　授课形式：讲授结合实践

一 核心概念

西班牙番茄冷汤的原材料

西班牙番茄冷汤的制作方法

二 学习目标

能说出制作西班牙番茄冷汤的原材料

能根据流程制作西班牙番茄冷汤

三 任务实施

（一）任务描述

根据制作流程制作一份西班牙番茄冷汤。

（二）操作条件

1. 设备与工具：平底锅、粉碎机、铲夹、砧板、厨刀。

2. 原材料：番茄 2 只、洋葱半只、蒜瓣 2 瓣、吐司面包 2 片、橄榄油 30 毫升、柠檬半只、盐适量、胡椒粉适量。

（三）职业规范及注意事项

1. 厨师服、厨师帽、口罩、手套佩戴整齐。
2. 操作中注意水电火安全。
3. 操作过程中注意清洁卫生。

（四）菜品制作过程

序号	步骤	制作方法及说明	质量标准
1	番茄去籽切块	将 2 个番茄去籽切块备用 	大小均匀
2	面包切丁	吐司面包 2 片切丁备用 	1.5 厘米见方

（续表）

序号	步骤	制作方法及说明	质量标准
3	混合	洋葱切丁、蒜瓣切片，与 4/5 面包丁、4/5 蒜片、番茄丁一起放入盘中，加盐、胡椒粉，挤入柠檬汁混合 	混合后静置 15 分钟
4	搅拌	将上述材料放入搅拌机，加入饮用水及橄榄油，搅拌成汤糊状，放入冰箱 	冷藏 2 小时以上
5	炒香	将剩余的蒜片和面包丁炒香 	炒至金黄色

（续表）

序号	步骤	制作方法及说明	质量标准
6	装盘	食用时将冷汤倒入盆里或杯中，撒上蒜香面包丁点缀	以八分满为宜

问题情境

怎么保持西班牙番茄冷汤的清爽口感？

解决途径：汤品的冷藏时间宜在 2 小时以上、4 小时以内。

四　学习结果评价

序号	评价内容	评价标准	评价结果
1	西班牙番茄冷汤的原材料	能说出西班牙番茄冷汤的原材料	A/B/C/D
		能说出西班牙番茄冷汤原材料的配比	
2	西班牙番茄冷汤的制作方法	能说出西班牙番茄冷汤六步制作步骤	
		能说出西班牙番茄冷汤每一个步骤的制作方法	
		能说出西班牙番茄冷汤每一个步骤的质量标准	
3	西班牙番茄冷汤的制作过程	番茄去籽切块大小均匀	
		面包切丁至 1.5 厘米见方	
		混合后静置 15 分钟，搅拌后放入冰箱冷藏 2 小时以上	
		炒香能炒至金黄色	
		装盘以八分满为宜	

（续表）

序号	评价内容	评价标准	评价结果
4	安全卫生	能注意制作过程中的食品安全和操作安全	
		能在制作过程中保持厨具及台面的干净整洁	
5	总评	是否能够满足下一步学习	是 / 否

说明：完成评价内容的 90% 及以上为 A；完成 75%—89% 为 B；完成 60%—74% 为 C；完成 60% 以下为 D。

五 作业

1. 列出制作西班牙番茄冷汤的原材料。
2. 制作一份西班牙番茄冷汤送给你的家人或朋友。

职业能力 A-4-3　制作四季鲜蔬浓汤

课时：1 课时　授课形式：讲授结合实践

一 核心概念

四季鲜蔬浓汤的原材料

四季鲜蔬浓汤的制作方法

二 学习目标

能简述四季鲜蔬浓汤的由来

能说出制作四季鲜蔬浓汤的原材料

能根据流程制作四季鲜蔬浓汤

三 任务实施

（一）任务描述

根据制作流程制作一份四季鲜蔬浓汤。

（二）操作条件

1. 设备与工具：汤锅、粉碎机、铲夹、砧板、厨刀。

2. 原材料：韭葱 3 根、马铃薯 4 只、小胡萝卜 3 根、节瓜 1 根、橄榄油 45 毫升、高汤适量、马苏里拉芝士适量、盐、胡椒适量。

（三）职业规范及注意事项

1. 厨师服、厨师帽、口罩、手套佩戴整齐。
2. 操作中注意水电火安全。
3. 操作过程中注意清洁卫生。

（四）菜品制作过程

序号	步骤	制作方法及说明	质量标准
1	翻炒	汤锅内倒入橄榄油，放入切碎的韭葱和马铃薯翻炒，再倒入冷水浸没蔬菜，用中火煮沸 	翻炒一两分钟
2	调味	加入适量盐和胡椒调味 	关火后再调味

（续表）

序号	步骤	制作方法及说明	质量标准
3	搅打	煮到韭葱和马铃薯熟透，用粉碎机搅打 	搅打至成茸状
4	制作浓汤糊	加入新鲜芝士一同搅打，打成浓汤糊即成 	浓汤糊口感顺滑
5	装盘	最后装盘 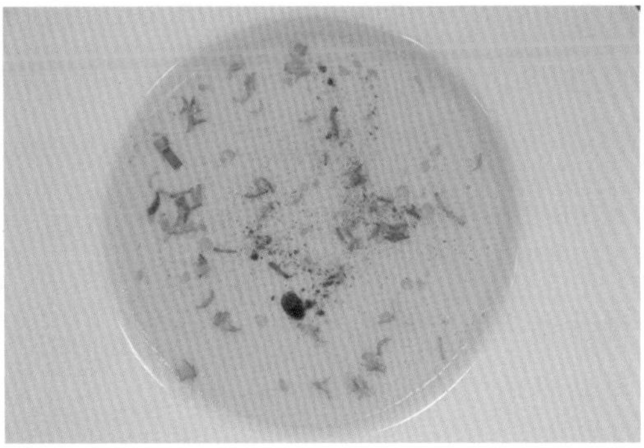	以八分满为宜

问题情境

四季鲜蔬浓汤如何更能体现出西班牙风味？

解决途径：加入番红花或烟熏红椒粉。

四 学习结果评价

序号	评价内容	评价标准	评价结果
1	四季鲜蔬浓汤的原材料	能说出西四季鲜蔬浓汤的原材料	A/B/C/D
		能说出四季鲜蔬浓汤原材料的配比	
2	四季鲜蔬浓汤的制作方法	能说出四季鲜蔬浓汤五步制作步骤	
		能说出四季鲜蔬浓汤每一个步骤的制作方法	
		能说出四季鲜蔬浓汤每一个步骤的质量标准	
3	四季鲜蔬浓汤的制作过程	翻炒一两分钟	
		关火后再调味	
		搅打至成茸状	
		浓汤糊口感顺滑	
		装盘以八分满为宜	
4	安全卫生	能注意制作过程中的食品安全和操作安全	
		能在制作过程中保持厨具及台面的干净整洁	
5	总评	是否能够满足下一步学习	是 / 否

说明：完成评价内容的 90% 及以上为 A；完成 75%—89% 为 B；完成 60%—74% 为 C；完成 60% 以下为 D。

五 作业

1. 列出制作四季鲜蔬浓汤的原材料。
2. 制作一份四季鲜蔬浓汤送给你的家人或朋友。

工作任务 A–5

西班牙饭食

职业能力 A-5　了解西班牙饭食的知识

课时：1 课时　授课形式：讲授

一 核心概念

西班牙饭食

二 学习目标

能知道西班牙饭食的代表是西班牙海鲜饭

能知道西班牙海鲜饭的由来

能知道制作西班牙海鲜饭运用的主要食材和香料

三 基本知识

如果需要选择一道料理代表西班牙，西班牙人绝对会毫不犹豫地选择海鲜饭。金黄的米饭，青色的豆子，白色的鱿鱼，红色的甜椒和西红柿，这些五彩斑斓的食材搭配出了西班牙最有代表性的料理——西班牙海鲜饭。去西班牙旅游，除了领略明媚的阳光，品尝一份盖满各式各样海鲜的海鲜饭绝对会让你感到不虚此行。有趣的是，最早的"海鲜饭"并没有加入海鲜，即使在现在的西班牙，加入海鲜的"海鲜饭"依然不是海鲜饭的主流。以至于现在，西班牙海鲜饭甚至被改称为肉菜饭、西班牙大锅饭或是西班牙烩饭。

西班牙海鲜饭绝不是单纯依靠一个巧合被创造出来的，而是自古罗马时代以来，西班牙土地上不同文化碰撞融合的结果。作为西班牙堪称国宝级的美食，美味的西班牙海鲜饭少不了丰富的食材与精湛的烹饪技术。

四 现代西班牙饮食代表——海鲜饭（Paella）

西班牙海鲜饭是其东部瓦伦西亚的名食，有西班牙国菜之称。Paella 一词的确切含义并不十分清楚，有人认为它是从做海鲜饭所用的特制铁锅 Paellem 转化而来的，也有人认为 Paella 可以用来泛指巴伦西亚地区以米为原料的菜式——各种各样的“饭”。在这些“饭”中，米有时是主料，有时是配料。特制的铁锅、各种海鲜、番红花、西班牙长米是做西班牙海鲜饭必需的基本材料。在吃海鲜饭时，西班牙人一般会选用一种名为“Sangnia”（意为血色般的饮料）的果味调和酒作为饮品（红葡萄酒与石榴汁、柳橙汁等的混合物）。据说，传统海鲜饭的主要配料是鸡肉、兔肉、带壳蜗牛，再加上三种豆子，并不像现在这样有许多海鲜，而且海鲜的数量有时要超过饭的数量。烹制海鲜饭时，先要将米与橄榄油、蒜、海鲜和蔬菜一并放入锅中炒制；待原料将要成熟时，加入适量用鲜鱼熬制的汤料，再放入烤箱中烤至成熟。

西班牙海鲜饭

传说中，古代摩尔人宫廷中的仆人收集了宫廷宴会剩余的饭菜，他们将菜与饭混合加热，于是变成了一种类似于杂炖饭的食物，这是西班牙海鲜饭最早的雏形。在摩尔人时期，制作麦饭的烹饪技术已经成熟，将菜与麦同时烹饪可以使得麦饭更加美味。其次，摩尔人还带入了海鲜饭至关重要的香料，那就是番红花，因为番红花可以将海鲜饭中的米饭染成漂亮的黄色且令米饭带上迷人的香气。番红花虽然最早是在古希腊时期就已经栽培，可是却没有传入伊比利亚半岛，而是先传入了北非，再由摩尔人带入了伊比利亚半岛。而摩尔人还带入了一种面积较大却比较轻便的平底锅，这种锅使得烹饪方式发生了变化。据说西班牙海鲜饭（Paella）这个单词就是起源于这种平底锅的名称，以至于这种锅现在就叫 Paella（拉丁语中小锅的意思），是正宗海鲜饭上桌时的标配。

平底锅

西班牙人热爱运用辣椒，也善于制作辣椒制品，油浸大红椒、左利口香肠和烟熏甜椒粉都是西班牙的特产。做西班牙海鲜饭一定要使用烟熏甜椒粉增加饭的烟熏风味和甜味。

经过复杂的食材积累环节后，西班牙海鲜饭渐趋成型。现代的西班牙海鲜饭其实是发源于瓦伦西亚的一个淡水湖边，因此最初的版本是没有海鲜的。当地的农民在劳动结束后，就带着大而轻便的平底锅在田野边生火做饭，将锅架在燃烧的木材上，使用稻田里种的稻米，将田野中新鲜的蔬菜炒一炒，加入稻米和水，加入少许的番红花和甜椒粉使得米饭更加艳丽和美味，而肉类则就地取材，田野间的野兔以及蜗牛均抓来投入锅中。这样一锅类似大杂烩般的食物味道却令人惊奇。此后，这道饭被大家传开，各地衍生出了不同的版本。

在西班牙各地，海鲜饭的烹调方法被广泛传开，经过不断的改良，味道越来越好。现在烹调海鲜饭时，加入白葡萄酒和高汤，米饭会略带微酸和鲜甜。当然，最重要的改良莫过于加入了海鲜，大部分海鲜饭一定会加入青口、扇贝和虾。然而大家在很长一段时间内都忽视了西班牙绯红虾，这种西班牙本土的虾中极品，其甜美赛过龙虾和螯虾，之前居然被用作钓鱼的饵料，人们并未考虑把它作为食物。直到人们发现它的美味后，其身价才开始剧增。而在烹饪海鲜饭时加入的贝类会慢慢张开，释放出充满海水味的甜美汁水，这些汁水使得海鲜饭更加鲜美。

西班牙绯红虾

既然西班牙海鲜饭那么美味诱人，那么正宗的海鲜饭是怎么样的呢？在很多西班牙餐厅中，店主会支上一口巨大的平底锅，用木材的旺火加热。散发着煎炒洋葱与甜椒的香气，以及锅中被番红花染成金黄色的米饭，引诱着食客去品尝它们的美味。或许，出乎食客意料的是，在大多数地方，正宗的西班牙海鲜饭中并没有海鲜，取而代之却是兔肉或鸡肉。刚出锅的海鲜饭，口感与亚洲的米饭截然不同，粒粒分明，十分有嚼劲，锅底部分还有脆脆焦香的锅巴，口感层次十分分明。米饭中番红花的香气，蔬菜的芳香，白葡萄酒的微酸，以及肉类和海鲜的鲜美，都让食客欲罢不能。

（参阅赖益铭《西班牙海鲜饭的前世今生》，https://www.sohu.com/a/562767898_100121900）

五 学习结果评价

序号	评价内容	评价标准	评价结果
1	西班牙饭食	能知道西班牙饭食的代表是西班牙海鲜饭 能知道西班牙海鲜饭的由来 能知道制作西班牙海鲜饭运用的主要食材和香料	是 / 否
2	总评	是否能够满足下一步学习	是 / 否

六 作业

跟你的家人或朋友介绍西班牙海鲜饭。

职业能力 A-5-1　制作加泰罗尼亚墨鱼饭

课时：1 课时　授课形式：讲授结合实践

一 核心概念

加泰罗尼亚墨鱼饭的原材料

加泰罗尼亚墨鱼饭的制作方法

二 学习目标

能说出制作加泰罗尼亚墨鱼饭的原材料

能根据流程制作加泰罗尼亚墨鱼饭

三 任务实施

（一）任务描述

根据制作流程制作一份加泰罗尼亚墨鱼饭。

（二）操作条件

1. 设备与工具：平底锅、汤锅、铲夹、砧板、厨刀。

2. 原材料：洋葱 1/4 只、白葡萄酒 150 毫升、鱿鱼 400 克、蒜瓣 2 瓣、西班牙绯红虾 400 克、盐少许、黑胡椒碎少许、圆米 200 克、墨鱼汁 2 包、月桂叶 2 片、青椒半只、橄榄油少许。

（三）职业规范及注意事项

1. 厨师服、厨师帽、口罩、手套佩戴整齐。
2. 操作中注意水电火安全。
3. 操作过程中注意清洁卫生。

（四）菜品制作过程

序号	步骤	制作方法及说明	质量标准
1	切配	洋葱和青椒切丁，蒜瓣切片，虾剥壳，鱿鱼切块 	大小均匀
2	煮虾壳	虾壳放入水中大火煮，煮开后用小火煨 	煮至虾香浓郁

（续表）

序号	步骤	制作方法及说明	质量标准
3	翻炒	平底锅热油后，放入蒜片和月桂叶煸炒后，加入鱿鱼和虾肉翻炒 	七分熟
4	煸炒	再在同一个锅中加点油，加入洋葱丁和青椒丁煸炒，炒至变色加入生米翻炒一下 	洋葱炒香
5	喷酒	待米粒变色后加入白葡萄酒，吸收后倒入两杯煮好的虾壳水 	去除酒精

（续表）

序号	步骤	制作方法及说明	质量标准
6	倒入墨鱼汁	等米粒把虾壳水吸收后放入鱿鱼块，再加入剩余的虾壳水，至锅中食材高度的一倍。倒入墨鱼汁，加少许黑胡椒碎和盐，以中火煮至米粒完全吸干水 	米饭煮至九分熟即可
7	翻炒	出锅前翻炒一下以免受热不均，试一下米饭的软硬度，如果过硬可再加入虾壳水再煮 	米饭煮至全熟
8	装盘	装盘，上置炒熟的虾肉等 	堆放整齐、不出盆的内圈

问题情境

制作加泰罗尼亚墨鱼饭时，酒精味怎么去除？
解决途径：点燃白葡萄酒，使其酒精挥发。

四 学习结果评价

序号	评价内容	评价标准	评价结果
1	加泰罗尼亚墨鱼饭的原材料	能说出加泰罗尼亚墨鱼饭的原材料	A/B/C/D
		能说出加泰罗尼亚墨鱼饭原材料的配比	
2	加泰罗尼亚墨鱼饭的制作方法	能说出加泰罗尼亚墨鱼饭八步制作步骤	
		能说出加泰罗尼亚墨鱼饭每一个步骤的制作方法	
		能说出加泰罗尼亚墨鱼饭每一个步骤的质量标准	
3	加泰罗尼亚墨鱼饭的制作过程	食材切配大小均匀	
		煮虾壳至虾香浓郁	
		翻炒至七分熟	
		煸炒做到洋葱炒香	
		喷酒做到除去酒精	
		米饭煮至九分熟倒入墨鱼汁，翻炒至米饭全熟	
		装盘堆放整齐，不出盆内圈	
4	安全卫生	能注意制作过程中的食品安全和操作安全	
		能在制作过程中保持厨具及台面的干净整洁	
5	总评	是否能够满足下一步学习	是 / 否

说明：完成评价内容的 90% 及以上为 A；完成 75%—89% 为 B；完成 60%—74% 为 C；完成 60% 以下为 D。

五 作业

1. 列出制作加泰罗尼亚墨鱼饭的原材料。
2. 制作一份加泰罗尼亚墨鱼饭送给你的家人或朋友。

职业能力 A-5-2　制作西班牙海鲜饭

课时：1 课时　授课形式：讲授结合实践

一 核心概念

西班牙海鲜饭的原材料
西班牙海鲜饭的制作方法

二 学习目标

能说出制作西班牙海鲜饭的原材料
能根据流程制作西班牙海鲜饭

三 任务实施

（一）任务描述

根据制作流程制作一份西班牙海鲜饭。

（二）操作条件

1. 设备与工具：平底锅、铲夹、铲板、砧板、厨刀。

2. 原材料：西班牙 paella 米 200 克、青口贝 6 只、海虾 6 只、橄榄油 50 毫升、烟熏辣椒粉 5 克、西班牙腊肠 50 克、鸡琵琶腿 1 个、熟制青豆适量、红彩椒半只、番茄半只、蒜瓣 2 瓣、黄洋葱 1/4 只、番红花 0.5 克、白葡萄酒 50 毫升、鸡汤适量、柠檬半只、盐适量。

（三）职业规范及注意事项

1. 厨师服、厨师帽、口罩、手套佩戴整齐。
2. 操作中注意水电火安全。
3. 操作过程中注意清洁卫生。

（四）菜品制作过程

序号	步骤	制作方法及说明	质量标准
1	海鲜初加工	青口贝洗净，虾挑去虾线 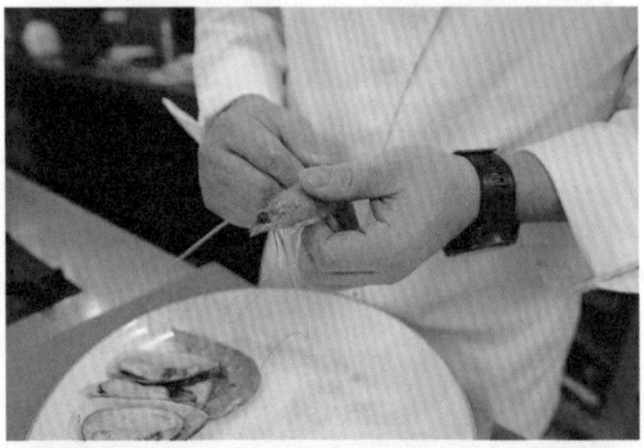	虾线去尽，壳完整
2	泡番红花	番红花放入鸡汤搅拌一下，泡至金黄色 	浸泡 10 分钟
3	切配	鸡腿去骨去皮切丁；腊肠、彩椒切丁；番茄去皮切丁；蒜瓣和洋葱切碎；柠檬切角备用 	大小均匀

（续表）

序号	步骤	制作方法及说明	质量标准
4	炒腊肠	小火烧热西班牙海鲜饭专用锅，加橄榄油将腊肠丁炒香盛出备用 	炒香
5	煸炒鸡丁	放入鸡丁煸炒至七分熟盛出 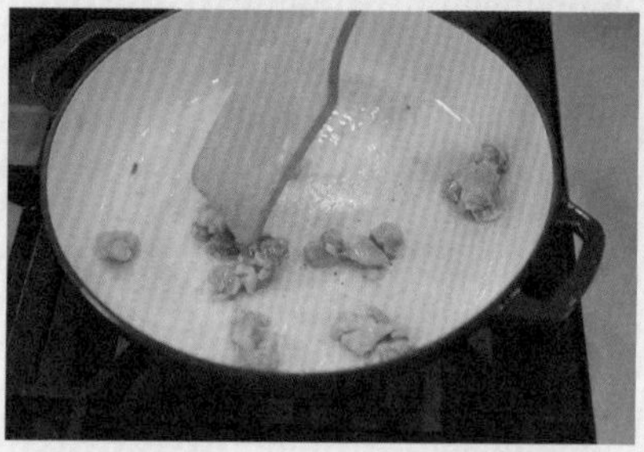	至表面微黄
6	炒青口贝和大虾	在锅中炒熟青口贝和大虾，喷入白葡萄酒后取出 	依次加入大虾、青口贝
7	炒香蒜碎、黄洋葱碎	加橄榄油炒香蒜碎、黄洋葱碎 	炒至金黄色

（续表）

序号	步骤	制作方法及说明	质量标准
8	炒匀	加入西班牙烟熏辣椒粉炒匀 	控制火候
9	煸炒彩椒丁	加入彩椒丁煸炒至断生 	文火炒制
10	翻炒番茄丁	加入番茄丁不停翻炒至酥软 	翻炒 20 分钟
11	炒米	加入米炒匀 	不粘底

（续表）

序号	步骤	制作方法及说明	质量标准
12	加入番红花	加入泡了番红花的鸡汤 	搅拌至米粒充分吸收番红花汁水
13	加入鸡丁、腊肠丁	放入炒过的鸡丁、腊肠丁并摊平 	摊匀
14	煮米饭	大火煮开，转小火煮 15 分钟 	煮熟
15	焖烧海鲜饭	摆上青口贝、虾，撒入青豆，加盖焖烧。掀盖继续加热 2 分钟，至米饭下面结上一层锅巴 	焖烧 5 分钟

（续表）

序号	步骤	制作方法及说明	质量标准
16	装饰	插上柠檬片，连锅一起上桌	柠檬切厚片

问题情境

制作西班牙海鲜饭时，煮的过程中如果海鲜饭过干怎么办？

解决途径：中间过干的话可以分次加入少量水。

四　学习结果评价

序号	评价内容	评价标准	评价结果
1	西班牙海鲜饭的原材料	能说出西班牙海鲜饭的原材料	A/B/C/D
		能说出西班牙海鲜饭原材料的配比	
2	西班牙海鲜饭的制作方法	能说出加西班牙海鲜饭十六步制作步骤	
		能说出西班牙海鲜饭每一步制作步骤的制作方法	
		能说出西班牙海鲜饭每一步制作步骤的质量标准	
3	西班牙海鲜饭的制作过程	海鲜初加工做到虾线去尽，壳完整	
		番红花在鸡汤中浸泡 10 分钟	
		腊肠炒香，鸡丁煸炒至表面微黄，蒜碎、黄洋葱炒至金黄色	
		番茄丁翻炒 20 分钟，炒米不粘底，搅拌至米粒充分吸收番红花汁水	
		焖烧海鲜饭 5 分钟	

（续表）

序号	评价内容	评价标准	评价结果
4	安全卫生	能注意制作过程中的食品安全和操作安全	
		能在制作过程中保持厨具及台面的干净整洁	
5	总评	是否能够满足下一步学习	是 / 否

说明：完成评价内容的 90% 及以上为 A；完成 75%—89% 为 B；完成 60%—74% 为 C；完成 60% 以下为 D。

五 作业

1. 列出制作西班牙海鲜饭的原材料。
2. 制作一份西班牙海鲜饭送给你的家人或朋友。

工作任务 A-6

海鲜类主菜

职业能力 A-6　了解西班牙海鲜类主菜

课时：1 课时　授课形式：讲授

一 核心概念

海鲜类主菜

二 学习目标

能说出西班牙常见的海鲜类食材

三 基本知识

西班牙三面临海，位于欧洲西南部伊比利亚岛，北涉比斯开湾，西邻葡萄牙，南隔直布罗陀海峡与非洲摩洛哥相望，东北与法国、安道尔接壤，东和东南临地中海，产品辐射面非常广。西班牙作为欧盟最大的渔业国，是欧洲最大水产品进口国，也是欧盟最大的水产品消费国，受到全世界广泛关注。由于靠海，历史上就有吃海鲜的传统习惯。西班牙年度人均消费对虾 4 千克，世界排名第一，是美国人均虾消费量的 2.5 倍。

海鲜在西班牙语中是“mariscos”，在西班牙，“mariscos”也有贝类的意思，但是单独的贝类不能称为“海鲜菜”，鱼、鱼子和棘皮动物可以。西班牙的贝类大多数是生吃的，主要作为小吃食用。西班牙的鱼传统上会用各种方法烹制，并且有不同种类的菜肴。

下面列出一些西班牙最好吃的海鲜和著名的西班牙海鲜菜肴。

（一）海胆

海胆在西班牙语中被称为“erizos de mar”，它也被称为“海里的松露”。海胆在西班牙北部的加利西亚和加泰罗尼亚特别受欢迎。

海胆是用大弯刀或剪刀打开的，它的性腺（生殖器官）是可食用的部分。用勺子可以把性腺的部分舀出来食用。性腺的颜色有黄色、金色或红色，它的味道清淡，带着咸味，质地非常柔软。海胆是完美的西班牙小吃。生海胆最适合搭配西班牙白葡萄酒。

（二）鹅颈藤壶

鹅颈藤壶在西班牙被称为“percebes”，是一种来自加利西亚和阿斯图里亚斯的西班牙海鲜美食，它可以说是西班牙最奇怪的海鲜，也是西班牙最好的食物之一。

海胆

鹅颈藤壶属于奢侈的海鲜，价格每千克高达 200 欧元，假日期间价格更是水涨船高。高级食材最好的处理方法当然是越简单越好，鹅颈藤壶也不例外。只需要用海水煮熟后即可享用鲜嫩的肉质。

西班牙人谈起“Percebes”，眼睛里总会泛出一丝崇敬的目光，用“鬼脚”来称呼它们真是再贴切不过，你看它们像不像大怪兽哥斯拉的脚趾头？人人都说第一个吃螃蟹的要有勇气，但第一个吃鬼脚的人更要有一份勇者斗恶龙式的冒险浪漫。

鹅颈藤壶

鬼脚以肌肉长足成群地附着在岸边潮间带或潮下带的礁石上，顶部的坚硬外壳保证其不受风雨所摧。涨潮的时候它会打开外壳，伸出触手滤食海水中的浮游生物，遇有危险或退潮后，就可以把自己封闭在壳里。

有人说鬼脚是“来自地狱的海鲜”，原因在于鬼脚的采集是一项极端困难、危险的行为。鬼脚的采集者们要攀上岩石，顶着大风大浪，用小铲子把鬼脚连同它们足部底下的岩石一起敲出来，放进腰间的网带。如果鬼脚离开了脚下的岩石，便会很快死去。因此每一条新鲜肥美的野生鬼脚，都是以采集者

鬼脚

的生命拼回来的。

鬼脚的市价这么高，绝对不只是因为它罕有。吃过鬼脚的人都会被它独特的鲜味和爽脆的质感所打动。有食客如此形容鬼脚的滋味："甜若龙虾，鲜似生蚝。"吃鬼脚是吃它的肌肉长足。用指甲撕开深色的蛇皮质地的长足软壳，便会露出粉红的肉质，那才是鬼脚的精华。

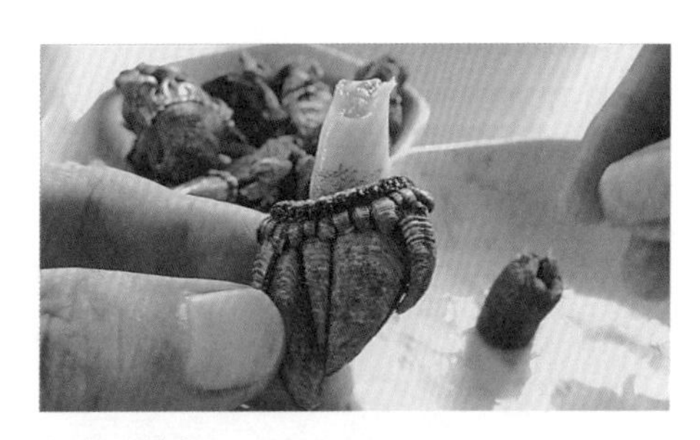
鬼脚之精华

（三）扇贝

扇贝是西班牙和整个地中海地区备受推崇的海鲜。扇贝在西班牙语中被称为"vieiras"，你可以在西班牙的小吃吧、餐馆和海鲜市场找到两种类型的扇贝：vieiras（海扇贝）和 zamburiñas（杂色扇贝）。西班牙扇贝主要来自加利西亚地区，扇贝壳也是加利西亚的象征。

西班牙扇贝

如今，扇贝在加利西亚的大西洋沿岸人工养殖。加利西亚风格的扇贝传统上是用小块西班牙火腿和大蒜洋葱酱搭配欧芹、柠檬和橄榄油烹制而成的。

（四）蛤蜊

蛤蜊在西班牙语中被称为"alemja"。

蛤蜊是西班牙非常受欢迎的海鲜，雪莉酱蛤蜊（Alemjas a la Gaditana）是一道著名的安达卢西亚海鲜菜肴，它是把蛤蜊放在用橄榄油、大蒜、雪莉酒、欧芹、盐和胡椒制成的汤里烹制而成的。这是一道简单的美味菜肴，海鲜爱好者都可以尝试一下。

雪莉酱蛤蜊

（五）剃刀蛤（竹蛏）

剃刀蛤在西班牙语里是"navajas"，这是西班牙非常珍贵的海鲜。西班牙的剃刀蛤是

剃刀蛤

高档的海鲜菜肴之一，也是最昂贵的海鲜菜肴之一。

西班牙的剃刀蛤来自加利西亚地区，传统上，只需要用橄榄油、大蒜和柠檬烤即可。

（六）贻贝

贻贝在西班牙语中是“mejillones”，它曾经是穷人的食物。贻贝是在西班牙可以找到的最好海鲜之一。

贻贝加白葡萄酒蒸熟配柠檬就是经典的西班牙小吃，它也可以作为西班牙海鲜饭的一种成分，或者用酒和辣椒粉一起炖煮。

贻贝

（七）牡蛎（生蚝）

西班牙牡蛎是另一种来自加利西亚的美味。如果你在西班牙想要品尝新鲜的牡蛎，那么前往加利西亚就没错了。

牡蛎最好搭配一杯西班牙白葡萄酒享用。你当然也可以选择腌制的牡蛎（ostra en escabeche），不过最好的还是生牡蛎。

如今，加利西亚海岸有很大的牡蛎养殖场，甚至有很多来自葡萄牙和日本的牡蛎也在这里养殖。

牡蛎

（八）虾

虾在西班牙是备受推崇的食物。在西班牙，不同大小的虾有不同的名字。

最大的虾被称为“langostinos”，中等个头的虾被称为“gamabas”，一些体型小但价格昂贵的虾被称为“camarones”。当然，无论大小，西班牙的虾都非常美味。

西班牙蒜香虾（gambas al ajillo）是典型的西班牙海鲜菜肴，这道菜起源于安达卢西亚。蒜香虾是大虾加大蒜、欧芹、雪莉酒和柠檬烹制而成。你可以在西班牙的每个小吃吧找到这种经典的小吃。

蒜香虾

（九）章鱼

章鱼在西班牙语中是“pulpo”，在加利西亚大受欢迎，这里甚至有专门吃章鱼的餐馆，被称为“pupplerias”。

加利西亚风味的章鱼是西班牙最著名的海鲜菜肴之一。这道菜的西班牙语为“Pulpo a la Gallega”，它是把煮熟的章鱼切成一口大小的形状，撒上橄榄油、盐和大量的辣椒粉。

加利西亚风味章鱼

（十）炸鱼

新鲜的鱼和橄榄油是地中海美食的经典组合，西班牙当然也不例外。

西班牙语种的炸鱼被称为“pescaito frito”，这种小吃在西班牙的几乎每个角落都能找到。安达卢西亚炸鱼是一道典型的小吃，不过它也可以作为主菜。

安达卢西亚炸鱿鱼

（十一）西班牙风辣鳕鱼

鳕鱼类菜肴是西班牙最受欢迎的鱼类菜肴之一，尤其是在西班牙北部。其中辣鳕鱼（Bacalao Ajoarriero）是西班牙最著名的鳕鱼菜肴之一。

这是一种起源于纳瓦拉地区和西班牙北部的巴斯克地区的炖菜。“Ajoarriero”的字面意义是“赶骡人的大蒜”，据说是古时侯赶骡人在路上吃的菜肴。它是把鳕鱼块、番茄、土豆、胡椒、洋葱和大量蒜瓣和烟熏辣椒粉放在橄榄油里烹制而成。

西班牙风辣鳕鱼

其他一些值得一试的海鲜菜肴包括：Suquet（加泰罗尼亚炖鱼，由不同的鱼和贝类、番红花和杏仁制成）、Bullit de Peix（伊维萨岛风味炖鱼配番茄酱和米饭）、Peix Sec（传统上添加到沙拉中的巴勒里亚风格鱼干）、Bacalao Pil Pil（巴斯克风味炸鳕鱼）、Dorada a la Sal（穆尔西亚风味烤鲷鱼）。

至于在西班牙哪里吃海鲜好，毫无疑问，就是位处大西北角的加利西亚地区(Galicia)，这一带大西洋的海岸线很长。当地渔业非常发达，各种生猛海鲜都以大白菜价发售，而且当地人也有十分丰富的烹饪经验。至于想到西班牙南部或地中海一带吃海鲜的食客，那肯定是功课没做好，因为那边的海域，海鲜的产量和质量都远不如北部。

（参阅食色那些事《西班牙终极海鲜指南：盘点西班牙各种美味的海鲜美食》，https://www.163.com/dy/article/GFC5JM8305520S95.html）

加利西亚海岸

四　学习结果评价

序号	评价内容	评价标准	评价结果
1	海鲜类主菜	能说出西班牙常见的海鲜类食材	是 / 否
2	总评	是否能够满足下一步学习	是 / 否

五　作业

跟你的家人或朋友简述西班牙常见的海鲜类食材。

职业能力 A-6-1　制作西班牙炖蛤蜊

课时：1 课时　授课形式：讲授结合实践

一 核心概念

西班牙炖蛤蜊的原材料

西班牙炖蛤蜊的制作方法

二 学习目标

能说出制作西班牙炖蛤蜊的原材料

能根据流程制作西班牙炖蛤蜊

三 任务实施

（一）任务描述

根据制作流程制作一份西班牙炖蛤蜊。

（二）操作条件

1. 设备与工具：炉灶、水池设备、配料盘、西餐刀、砧板、平底锅、锅铲、食物夹、奶锅、汤匙、十寸深盘。

2. 原材料：橄榄油 30 毫升、北极虾 350 克、白葡萄酒 15 毫升、洋葱 1/4 个、红椒半个、蒜瓣 3 瓣、月桂叶 3 片、辣椒粉 1 克、番红花 1 克、白兰地酒 30 毫升、油浸番茄 1 罐、蛤蜊 725 克、青口贝 250 克、贝柱 250 克、欧芹 15 克、柠檬汁 5 毫升、盐、胡椒适量。

（三）职业规范及注意事项

1. 厨师服、厨师帽、口罩、手套佩戴整齐。
2. 操作中注意水电火安全。
3. 操作过程中注意清洁卫生。

（四）菜品制作过程

序号	步骤	制作方法及说明	质量标准
1	原料加工	北极虾去壳、开背；洋葱切丁；红椒去籽切丁；蒜瓣拍碎切末；欧芹切碎；扇贝去筋取肉；青口贝去壳 	贝柱完整，虾完整、无沙线，青口完整、无绒毛，洋葱、红椒 0.5 厘米见方
2	沙司准备	锅内加 5 毫升橄榄油，中大火烧热，放入虾壳，炒 3—5 分钟至粉红色，关火，倒入白葡萄酒，加盖，备用 	虾味浓郁，有酒香、无酒精

（续表）

序号	步骤	制作方法及说明	质量标准
3	前期预处理	炖锅中加入5毫升橄榄油，放入洋葱丁、红椒丁、盐，加盖，中小火偶尔翻炒一下，大约8—10分钟后蔬菜变软，打开锅盖，转中大火，继续炒4—6分钟，至蔬菜上色 	口感酥软，有蔬菜香味
4	热加工	加蒜末、月桂叶、辣椒粉、番红花、胡椒粉，煸半分钟左右，加白兰地，煮到酒的量减少一半（约半分钟）。加入油浸番茄，包括汁水。继续煮到汤汁收浓 	汤汁浓郁，口味鲜香兼有辣味
5	汁水浓缩	把之前的虾壳连同锅底一起倒入炖锅中，用铲子把虾壳压一压，使其尽量多出汁。捞出虾壳扔掉，继续小火炖 	炖3—5分钟，汁水浓郁，蔬菜香、虾香、香草香，口味鲜香兼有辣味

（续表）

序号	步骤	制作方法及说明	质量标准
6	蛤蜊热加工	加入蛤蜊，加盖炖至部分蛤蜊壳张开 	火候恰当，炖 5 分钟左右，蛤蜊壳微开，肉质饱满
7	青口贝、贝柱热加工	加入青口贝、贝柱，加盖炖，至全部蛤蜊壳张开 	炖 3 分钟左右，青口、贝柱富有弹性，蛤蜊壳张开
8	虾肉热加工	加入虾肉，加盖炖，至虾肉变粉红色，青口贝也张开 	炖 2 分钟左右，虾肉颜色粉红有弹性

（续表）

序号	步骤	制作方法及说明	质量标准
9	菜品烹制完成	捞出月桂叶和没有开口的贝类丢弃。加入欧芹、柠檬汁，用盐、胡椒调味，装盘即可	海鲜口感富有弹性、肉质饱满，口味咸鲜兼有辣味

问题情境

制作西班牙炖蛤蜊的过程中，蛤蜊有沙怎么办？

解决途径：蛤蜊需要用海盐水放入冷藏冰箱养殖 12 小时，使蛤蜊泥沙吐干净。

四 学习结果评价

序号	评价内容	评价标准	评价结果
1	西班牙炖蛤蜊的原材料	能说出西班牙炖蛤蜊的原材料	A/B/C/D
		能说出西班牙炖蛤蜊原材料的配比	
2	西班牙炖蛤蜊的制作方法	能说出加西班牙炖蛤蜊九步制作步骤	
		能说出西班牙炖蛤蜊每一步制作步骤的制作方法	
		能说出西班牙炖蛤蜊每一步制作步骤的质量标准	
3	西班牙炖蛤蜊的制作过程	原料加工中贝柱完整，虾完整、去沙线，青口完整、无绒毛，洋葱、红椒 0.5 厘米见方	
		沙司准备中虾味浓郁，有酒香、无酒精	
		口感酥软、有蔬菜香味，汤汁浓郁，口味鲜香兼有辣味	

（续表）

序号	评价内容	评价标准	评价结果
		汁水浓缩时炖 3—5 分钟，蛤蜊炖 5 分钟，青口贝，贝柱炖 3 分钟，虾肉炖 2 分钟	
4	安全卫生	能注意制作过程中的食品安全和操作安全	
		能在制作过程中保持厨具及台面的干净整洁	
5	总评	是否能够满足下一步学习	是 / 否

说明：完成评价内容的 90% 及以上为 A；完成 75%—89% 为 B；完成 60%—74% 为 C；完成 60% 以下为 D。

五 作业

1. 列出制作西班牙炖蛤蜊的原材料。
2. 制作一份西班牙炖蛤蜊送给你的家人或朋友。

职业能力 A-6-2　制作西班牙蒜蓉虾

课时：1 课时　授课形式：讲授结合实践

一 核心概念

西班牙蒜蓉虾的原材料

西班牙蒜蓉虾的制作方法

二 学习目标

能说出制作西班牙蒜蓉虾的原材料

能根据流程制作西班牙蒜蓉虾

三 任务实施

（一）任务描述

根据制作流程制作一份西班牙蒜蓉虾。

（二）操作条件

1. 设备与工具：四眼炉灶、水池设备、配料盘、西餐刀、砧板、平底锅、锅铲、料碟、耐高温食物夹、汤匙、十寸深盘。

2. 原材料：大虾 4 只、特级初榨橄榄油一杯、蒜瓣 5 瓣、海盐少量、黑胡椒粉少量、欧芹碎少量、红椒碎少量、柠檬适量、法棍适量、酸黄瓜 2 根、橄榄 6 颗、火腿 4 片。

（三）职业规范及注意事项

1. 厨师服、厨师帽、口罩、手套佩戴整齐。
2. 操作中注意水电火安全。
3. 操作过程中注意清洁卫生。

（四）菜品制作过程

序号	步骤	制作方法及说明	质量标准
1	原料加工	大虾清洗去壳开背去虾线，放少许海盐和黑胡椒粉抓一下入味 	大虾无虾线，虾尾完整
2	原料加工	蒜头切碎 	蒜粒 0.2 厘米见方

（续表）

序号	步骤	制作方法及说明	质量标准
3	蒜粒热加工	平底锅中倒入橄榄油，宽油文火。油热下蒜碎，轻轻翻炒2分钟至蒜碎变成柔和的金黄色蒜蓉。全程控制油温，不能冒烟 	蒜香，色泽金黄
4	虾仁热加工	改中火，放入虾仁，至其发出嘶嘶声蜷缩后，调成文火慢慢翻炒，至全熟关火 	虾仁粉红，虾香，有弹性
5	菜品调味	加少许盐、黑胡椒、红椒碎、欧芹，简单翻拌一下，出锅挤上少许柠檬汁 	口味咸香兼有辣味和柠檬香，微酸

（续表）

序号	步骤	制作方法及说明	质量标准
6	摆盘	佐餐法棍、橄榄、酸黄瓜、火腿等	摆盘完整合理，盘边无水渍，无手印

问题情境

制作西班牙蒜蓉虾时，如何使大虾卷曲美观？

解决途径：大虾开背时刀切至虾肉三分之二的深度且均匀。

四 学习结果评价

序号	评价内容	评价标准	评价结果
1	西班牙蒜蓉虾的原材料	能说出西班牙蒜蓉虾的原材料	A/B/C/D
		能说出西班牙蒜蓉虾的原材料配比	
2	西班牙蒜蓉虾的制作方法	能说出加西班牙蒜蓉虾的八步制作步骤	
		能说出西班牙蒜蓉虾每一步制作步骤的制作方法	
		能说出西班牙蒜蓉虾每一步制作步骤的质量标准	
3	西班牙蒜蓉虾的制作过程	原料加工做到大虾无虾线，虾尾完整；蒜粒 0.2 厘米见方	
		蒜粒热加工做到蒜香，色泽金黄	
		虾仁热加工做到虾仁粉红，虾香，有弹性	
		口味咸香兼有辣味和柠檬香，微酸	
		摆盘完整合理，盘边无水渍，无手印	

（续表）

序号	评价内容	评价标准	评价结果
4	安全卫生	能注意制作过程中的食品安全和操作安全	
		能在制作过程中保持厨具及台面的干净整洁	
5	总评	是否能够满足下一步学习	是 / 否

说明：完成评价内容的 90% 及以上为 A；完成 75%—89% 为 B；完成 60%—74% 为 C；完成 60% 以下为 D。

五 作业

1. 列出制作西班牙蒜蓉虾的原材料。
2. 制作一份西班牙蒜蓉虾送给你的家人或朋友。

职业能力 A-6-3　制作章鱼杂烩

课时：1 课时　授课形式：讲授结合实践

一 核心概念

章鱼杂烩的原材料

章鱼杂烩的制作方法

二 学习目标

能说出制作章鱼杂烩的原材料

能根据流程制作章鱼杂烩

三 任务实施

（一）任务描述

根据制作流程制作一份章鱼杂烩。

（二）操作条件

1. 设备与工具：四眼炉灶、水池设备、配料盘、西餐刀、砧板、平底锅、锅铲、耐高温食物夹、汤匙、十寸圆盘。

2. 原材料：章鱼须 1 根、蟹肉棒 3 根、青椒 1/2 个、红椒 1/2 个、洋葱 1/2 个、西红柿 1 个、蒜末 1 勺、罗勒 1 勺、盐适量、橄榄油适量、甜椒粉适量、黑胡椒粉适量。

（三）职业规范及注意事项

1. 厨师服、厨师帽、口罩、手套佩戴整齐。
2. 操作中注意水电火安全。
3. 操作过程中注意清洁卫生。

（四）菜品制作过程

序号	步骤	制作方法及说明	质量标准
1	原料加工	青红椒切丁，洋葱切丁，西红柿去皮后切丁 	西红柿、洋葱、青红椒 0.7 厘米见方
2	原料预加工	章鱼和蟹肉棒切丁后煮熟。注意不要煮太久，章鱼须很好熟，一般 3 分钟即可 	章鱼和蟹肉棒 1 厘米见方，章鱼软嫩有弹性

（续表）

序号	步骤	制作方法及说明	质量标准
3	原料烹制	爆香蒜末和洋葱丁，加入章鱼和蟹肉棒翻炒，片刻后再加青红椒丁 	蒜香，蔬菜香，海鲜无腥味
4	热菜烹制	炒熟后加入番茄丁、橄榄油、甜椒粉、黑胡椒和盐搅拌均匀 	蔬菜酥而不烂，鱿鱼有弹性，蟹肉棒不散，口味咸鲜兼有辣味
5	菜品装盘	搭配切片法棍，装盘，撒上罗勒碎 	摆盘完整合理，盘边无水渍，无手印，餐盘温热

问题情境

制作章鱼杂烩时，如何使章鱼口感有弹性而不老？

解决途径：根据章鱼的产地调整在烹煮过程中火候与时间。

四 学习结果评价

序号	评价内容	评价标准	评价结果
1	章鱼杂烩的原材料	能说出章鱼杂烩的原材料	A/B/C/D
		能说出章鱼杂烩的原材料配比	
2	章鱼杂烩的制作方法	能说出章鱼杂烩的五步制作步骤	
		能说出章鱼杂烩每一步制作步骤的制作方法	
		能说出章鱼杂烩每一步制作步骤的质量标准	
3	章鱼杂烩的制作过程	原材料加工能做到西红柿、洋葱、青红椒 0.7 厘米见方	
		原材料预加工能做到章鱼和蟹肉棒 1 厘米见方，章鱼软嫩有弹性	
		蒜香、蔬菜香、海鲜无腥味	
		蔬菜酥而不烂，鱿鱼有弹性，蟹肉棒不散，口味咸鲜兼有辣味	
		摆盘完整合理，盘边无水渍，无手印，餐盘温热	
4	安全卫生	能注意制作过程中的食品安全和操作安全	
		能在制作过程中保持厨具及台面的干净整洁	
5	总评	是否能够满足下一步学习	是 / 否

说明：完成评价内容的 90% 及以上为 A；完成 75%—89% 为 B；完成 60%—74% 为 C；完成 60% 以下为 D。

五 作业

1. 列出制作章鱼杂烩的原材料。
2. 制作一份章鱼杂烩送给你的家人或朋友。

工作任务 A–7

肉类主菜

职业能力 A-7　了解西班牙肉类主菜

课时：1 课时　授课形式：讲授

一 核心概念

西班牙肉类主菜

西班牙火腿的种类

伊比利亚火腿

二 学习目标

能知道火腿是西班牙肉类主菜

能说出西班牙火腿的种类

能说出伊比利亚火腿的制作过程

能说出伊比利亚火腿的特点和吃法

三 基本知识

西班牙每年生产 3850 万只火腿，是世界上最大的火腿生产国，同时也是最大的火腿消费国，每位国民每年平均消费 5 千克左右。

西班牙火腿有两个品种：赛拉诺火腿和伊比利亚火腿。前者约占总产量的 90%，是西班牙大众每日必备的食物，后者产量极少品质较高，且更为珍贵，价格是前者的十几倍。通常西班牙人只会拿前者出口，国际市场上基本见不到后者。

伊比利亚火腿是西班牙人引以为豪的绝世美味，它的味道咸鲜合一，入口后令人唇齿生香，是许多西班牙菜肴中不可或缺的配料。

伊比利亚火腿受到严格的原产地认证与保护，就像法国的香槟，中国的阳澄湖大

闸蟹。只有西班牙生长的，最接近野猪品种的伊比利亚黑蹄猪，在西班牙南部独特的地中海与大西洋交界处的气候下天然风干成熟，才有资格成为西班牙最昂贵的食材。

在西班牙，伊比利亚火腿有三个重要产区，分别是 Guijuelo、Jabugo、Teruel，其中安达卢西亚的 Jabugo 是公认的极品产区。

“黑蹄猪”是伊比利亚半岛特有的猪种，这种猪起源于野猪。伊比利亚火腿是由其后腿腌制而成。这种猪的特点是，天生就有着又瘦又长的四肢，加上后天天然散养的关系，浑身上下肌肉和脂肪的比例恰当，完全没有多余的脂肪。

黑蹄猪

所有做火腿的猪都自然放养。猪群在大自然中健康茁壮地成长，它们所居住的所谓猪圈就是一片橡树林。用来做好火腿的猪在“就义”之前除了橡果之外什么东西也不许吃。

天然的运动延缓了伊比利亚猪群的增肥过程，使它们成长为具有更多健康脂肪的种猪。据说，只以橡果为食物，猪脂肪中的胆固醇含量会降低，脂肪变得清洁，变得透明。含有的脂肪是精馏油酸，类似于橄榄油那样的“好脂肪”。

屠宰前养膘期间，猪群进圈调整进食，只喂食橡子和草料拌成的饲料。火腿以它们在被宰杀之前吃橡果的时间长短区分品质，上品是有 Jamon Iberico de Bellota / Jamon Iberico de Montanera 标记的，意指猪在宰杀前，至少有 12 个月的时间完全以橡果为食。

而猪在被宰杀前只吃了 8 个月、6 个月甚至 3 个月的橡果，由其制成的火腿，则标上 Jamon Iberico de Recebo 标记，虽然也是伊比利亚火腿，价钱却便宜许多。

黑蹄猪长到 18 个月左右，就可以开始为美食做贡献了。被砍下来的后腿只用粗海盐腌制，不添加任何其他辅料。火腿用粗海盐覆盖腌制后放进摄氏 4 度的冰箱内，约 12—14 天脱水，之后火腿要洗净，再放入低温储藏室（6℃—8℃）阴干 4 至 6 星期，肉质才会干燥稳定下来。此时才是熟成期的开始。

火腿要被吊挂在通风的干燥室，在西班牙南部独特的地中海和大西洋交界处的气候下，慢慢风干。春天时气温升高时，火腿的甜味在此时逐渐显现。整个风干熟成期间，火腿会失去约三分之一的重量，并且孕育出伊比利亚火腿特有的香味。

然后将火腿放入温度低、湿度高的地窖中进行最后的低温熟成陈放，时间至少为 14 个月。在这个时候火腿会开始“长霉”，这种霉菌会赋予火腿新的味道。

伊比利亚火腿在低温熟成阶段完成后，准备上市贩售前，还要经过检测。检测师使用一支用骨头或动物的角制成的长尖刺针，刺入特定的部位，取下一点肉，嗅闻味道来判断香气、肉质等是否合格。未通过检测的火腿还会再送回地窖再低温熟成。

长时间的腌制，在特殊的环境和气候下风干成熟，才能制成散发独特香气的伊比利亚火腿。市面上常见的都是熟成 24 个月的产品，有时甚至熟成 30 个月。也就是说从养猪到制成火腿要耗时近 5 年。

一支上好的伊比利亚火腿重量约在 6—8 千克。盒装的伊比利亚生火腿非常讲究，真空包装再以黑绒布包裹，还配置木架与长刀。它看起来要比其他火腿体积小一些，脚踝细一些。火腿外表给人干涩的错觉，导致很少有人会对它们一见钟情。

但是一经切开平淡无奇的表皮，只见其肉色绯红，肌肉周围的淡淡粉红色的脂肪，如云环绕，肌肉之间的纤维呈丝网密布成大理石细纹理。渗油的表面散发着某种类似油光和蜡光之间的光芒，芳香四溢，让人食指大动。

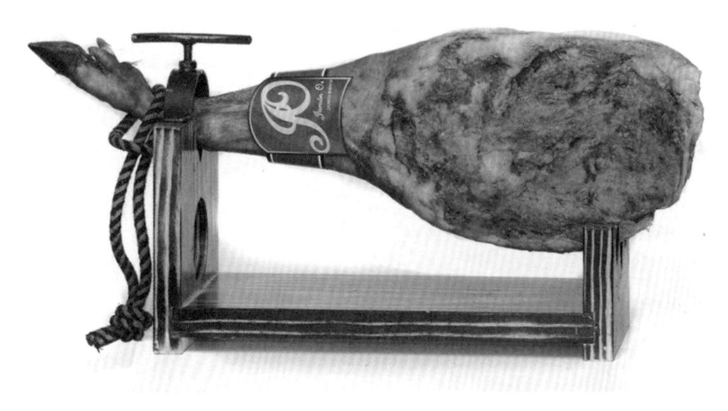

伊比利亚火腿

西班牙伊比利亚火腿称得上是上天对人类的恩赐，是西班牙人民对世界美食的最大贡献。它肥而不腻，瘦而不柴，入口化渣。如果没有尝过，你可能永远不会相信，一片火腿竟能带来如此这般的快乐和享受。

要善待上等的西班牙伊比利亚火腿，唯一的方式就是切薄片生吃，现切现吃。那将会是味蕾的一次完美体验。

当一只伊比利亚火腿放上酒席宴，切火腿是一门绝技。切肉师傅有一套专门工具：一个架子，数把肉刀。衡量切肉师傅的技术的标准就是看谁切得薄，要将火腿切成半透明的薄片才能让食客品尝到火腿最独特的香味，面积大小要绝对均匀。

切片后的伊比利亚火腿

对于这一片片纤薄的、鲜红的、带着雪白像大理石花纹一样美丽的脂肪纹路，透明闪着隐隐油光的、散发着醉人香气的、柔软的、细腻的最高级食材，唯有生吃，才能对得起它的无上滋味。

在被美食与美酒融化的秋日下午，呷一片火腿直接放在舌头上，然后大脑就像被猛击了一拳似的，馨香醇厚味道在空中爆炸开来。

参差在肌肉间的脂肪，在送入口后马上在唇齿间化开。瘦肉咀嚼时确实感受到精细的坚果香气，并留下独特的绵长余甜。伴着葡萄酒的芳香，余味不绝……

此外，有一点需要注意，非常讲究礼节的西班牙人，吃伊比利亚火腿时有特殊讲究，这个讲究就是要用手抓，千万不能用刀叉。

一只上品伊比利亚火腿可以卖到接近 500 欧元每千克。作为人生的美食体验，请你这辈子一定要体验一次，吃一口最好的伊比利亚火腿，体会到人生最香的味道之一，然后用余生去怀念它。

火腿切片

（参阅胡同口的小七哥《人生不得不吃一次的

伊比利亚火腿》，https://zhuanlan.zhihu.com/p/75531172）

四 学习结果评价

序号	评价内容	评价标准	评价结果
1	西班牙肉类主菜	能知道火腿是西班牙肉类主菜	是 / 否
2	西班牙火腿的种类	能说出西班牙火腿的种类	是 / 否
3	伊比利亚火腿	能说出伊比利亚火腿的制作过程	是 / 否
		能说出伊比利亚火腿的特点和吃法	
4	总评	是否能够满足下一步学习	是 / 否

五 作业

跟你的家人或朋友简述西班牙肉类主菜的概况。

职业能力 A-7-1　制作生火腿卷蜜瓜

课时：1 课时　授课形式：讲授结合实践

一 核心概念

生火腿卷蜜瓜的原材料

生火腿卷蜜瓜的制作方法

二 学习目标

能说出制作生火腿卷蜜瓜的原材料

能根据流程制作生火腿卷蜜瓜

三 任务实施

（一）任务描述

根据制作流程制作一份生火腿卷蜜瓜。

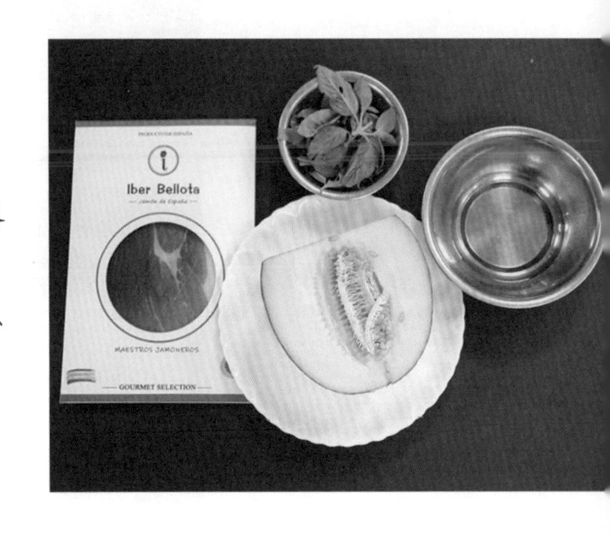

（二）操作条件

1. 设备与工具：水池设备、配料盘、西餐刀、砧板、十寸圆盘。

2. 原材料：蜜瓜半只、伊比利亚火腿 3 片、黑胡椒和盐适量、新鲜罗勒叶少许。

（三）职业规范及注意事项

1. 厨师服、厨师帽、口罩、手套佩戴整齐。

2. 操作中注意水电火安全。

3. 操作过程中注意清洁卫生。

（四）菜品制作过程

序号	步骤	制作方法及说明	质量标准
1	蜜瓜加工	蜜瓜对半切，去籽后切成薄片，去皮 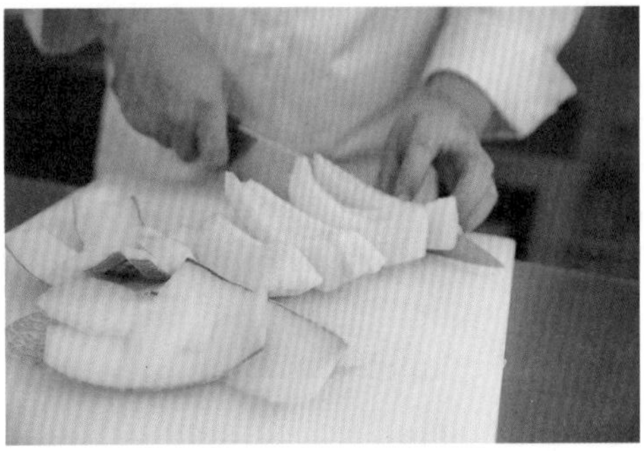	蜜瓜厚度 1 厘米
2	菜品加工	将袋装的伊比利亚火腿取出，绕蜜瓜片卷上圈 	火腿包裹木瓜均匀不散
3	菜品调味	放上罗勒叶做装饰，淋上橄榄油 	蜜瓜脆甜，火腿咸香带有坚果香气

（续表）

序号	步骤	制作方法及说明	质量标准
4	菜品摆盘	撒一点盐和黑胡椒装盘即成	摆盘完整合理，盘边无水渍，无手印

问题情境

制作生火腿卷蜜瓜时，选择哪种蜜瓜？

解决途径：选择口感香脆甜度高的蜜瓜。

四 学习结果评价

序号	评价内容	评价标准	评价结果
1	生火腿卷蜜瓜的原材料	能说出生火腿卷蜜瓜的原材料	A/B/C/D
		能说出生火腿卷蜜瓜的原材料配比	
2	生火腿卷蜜瓜的制作方法	能说出生火腿卷蜜瓜的四步制作步骤	
		能说出生火腿卷蜜瓜每一步制作步骤的制作方法	
		能说出生火腿卷蜜瓜每一步制作步骤的质量标准	
3	生火腿卷蜜瓜的制作过程	蜜瓜切至 1 厘米厚度	
		火腿包裹木瓜均匀不散	
		木瓜脆甜，火腿咸香带有坚果香气	
		摆盘完整合理，盘边无水渍、无手印	
4	安全卫生	能注意制作过程中的食品安全和操作安全	

（续表）

序号	评价内容	评价标准	评价结果
		能在制作过程中保持厨具及台面的干净整洁	
5	总评	是否能够满足下一步学习	是 / 否

说明：完成评价内容的 90% 及以上为 A；完成 75%—89% 为 B；完成 60%—74% 为 C；完成 60% 以下为 D。

五 作业

1. 列出制作生火腿卷蜜瓜的原材料。
2. 制作一份生火腿卷蜜瓜送给你的家人或朋友。

职业能力 A-7-2　制作马德里炖牛肚

课时：1 课时　授课形式：讲授结合实践

一 核心概念

马德里炖牛肚的原材料

马德里炖牛肚的制作方法

二 学习目标

能说出制作马德里炖牛肚的原材料

能根据流程制作马德里炖牛肚

三 任务实施

（一）任务描述

根据制作流程制作一份马德里炖牛肚。

（二）操作条件

1. 设备与工具：四眼炉灶、水池设备、配料盘、西餐刀、砧板、平底锅、锅铲、奶锅、耐高温食物夹、汤匙、十寸深方碗。

2. 原材料：牛肚 500 克、西班牙红肠（Chorizo rojo）2 根、姜 20 克、红酒适量、胡椒粒适量、茴香 3 粒、桂皮 5 克、橄榄油适量、蒜瓣 3 瓣、辣椒粉适量、甜椒粉适量、洋葱半只、

尖椒2个、西红柿3只、欧芹适量、月桂叶1片、盐适量。

（三）职业规范及注意事项

1. 厨师服、厨师帽、口罩、手套佩戴整齐。
2. 操作中注意水电火安全。
3. 操作过程中注意清洁卫生。

（四）菜品制作过程

序号	步骤	制作方法及说明	质量标准
1	原料加工	牛肚洗净切小块，加入红酒、姜、胡椒、茴香、桂皮、盐，炖2—3小时	牛肚长度7—8厘米宽度0.5厘米，牛肚富有韧性无异味
2	原料加工	西班牙红肠切小块，蒜瓣切末	西班牙红肠1厘米见方，洋葱0.3厘米见方

（续表）

序号	步骤	制作方法及说明	质量标准
3	热菜预处理	锅内倒入橄榄油，加黄油，下蒜末炒香，下红肠块，加入辣椒粉、甜辣椒粉煎一下 	蒜香，西班牙红肠香，油色红润
4	原料加工	西红柿与生姜、洋葱、尖椒一同用厨刀切碎 	番茄 0.7 厘米见方，生姜、洋葱、尖椒 0.3 厘米见方
5	热菜前期加工	在炖牛肚的锅内加入煎好的红肠和上面切碎的蔬菜 	牛肚微酥，质感饱满

（续表）

序号	步骤	制作方法及说明	质量标准
6	调味装盘	炖1小时后加月桂叶，再继续炖1小时捞出月桂叶丢弃，加黑胡椒和盐调味，撒上欧芹装盘	牛肚酥而不烂，口味咸鲜兼有酸味和辣味，摆盘完整合理，盘边无水渍，无手印，餐盘温热

问题情境

制作马德里炖牛肚时，怎样使牛肚酥而不烂？

解决途径：根据牛肚的品质控制烹饪的时间与火候。

四 学习结果评价

序号	评价内容	评价标准	评价结果
1	马德里炖牛肚的原材料	能说出马德里炖牛肚的原材料	A/B/C/D
		能说出马德里炖牛肚的原材料配比	
2	马德里炖牛肚的制作方法	能说出马德里炖牛肚的六步制作步骤	
		能说出马德里炖牛肚每一步制作步骤的制作方法	
		能说出马德里炖牛肚每一步制作步骤的质量标准	
3	马德里炖牛肚的制作过程	原料加工牛肚长度7—8厘米，宽度0.5厘米，牛肚富有韧性无异味；西班牙红肠1厘米见方，番茄0.7厘米见方，洋葱、生姜、尖椒0.3厘米见方	
		有蒜香，西班牙红肠香，油色红润	

（续表）

序号	评价内容	评价标准	评价结果
		热菜前期加工牛肚微酥，质感饱满；装盘后牛肚酥而不烂。口味咸鲜兼有酸味和辣味	
		摆盘完整合理，盘边无水渍，无手印，餐盘温热	
4	安全卫生	能注意制作过程中的食品安全和操作安全	
		能在制作过程中保持厨具及台面的干净整洁	
5	总评	是否能够满足下一步学习	是 / 否

说明：完成评价内容的 90% 及以上为 A；完成 75%—89% 为 B；完成 60%—74% 为 C；完成 60% 以下为 D。

五 作业

1. 列出制作马德里炖牛肚的原材料。
2. 制作一份马德里炖牛肚送给你的家人或朋友。